Erlebnis Biologie 6

Arbeitsheft
für die Klassenstufe 6

W0392636

Herausgegeben und bearbeitet von:
Antje Starke

Beratung:
Mike Leupold

Unter Mitarbeit von:
Hans-Günter Beuck, Joachim Boesenthal, Monika Böger, Kerstin Brausewetter, Anneliese Damm, Joachim Dobers, Eva Döhring, Annegret Dorn, Hartmut Eulner, Karin Evers, Imme Freudner-Hunecke, Katrin Friedrich, Dr. Erwin Graf, Prof. Hans Hagenmeier, Gitta Hagmeier, Wolfgang Hahn, Peter Hoff, Gero Holl, Marlies Jentsch, Heinrich Joußen, Dr. Wolfgang Jungbauer, Dr. Harald Kähler, Dr. Michael Kampf, Manfred Kaufmann, Renate Kempe, Fritz Klöckner, Axel Knippenberg, Hans-Peter Konopka, Sebastian Körnig, Silke Kraft, Stefan Kratsch, Claus-Georg Krieger, Dr. Gabriele Mai, Dr. Wolfgang Martin-Beyer, Erhard Mathias, Dagmar Mehliß, Hana Meuer, Sabine Nelke, Birgit Niemann, Sigrid Pankow, Dr. Andreas Paul, Gustav Pekarsky, Dr. Eckhard Philipp, Eckhard Pohl, Dagmar Polte, Günter Rabisch, Dr. Michael Reck, Sonja Riedel, Wolf-Dieter Schmidt, Gerd Schüppel, Monika Semrau, Rüdiger Stelling, Anja Thesing, Dr. Frank Thomas, Michael Walory, Prof. Dr. Wilhelm Weber, Rolf Wellinghorst, Christian Wendel, Annely Zeeb

Unter Mitwirkung der Verlagsredaktion

Illustrationen
Brigitte Karnath, Heike Keis, Liselotte Lüddecke, Annemirl Riehl, Tom Menzel, Klaus Roß, Susanne Thater

Bildquellen
Titel (Hintergrund Wald): creativ collection Verlag GmbH, Freiburg; Titel (Eichhörnchen): Reinhard/Okapia, Frankfurt; Titel (Rotkehlchen): Beck/Mauritius, Mittenwald

Druck A[16] / Jahr 2018
Alle Drucke der Serie A sind im Unterricht parallel verwendbar.

Satz: media service schmidt, Hildesheim
Druck und Bindung: westermann druck GmbH, Braunschweig

ISBN 978-3-507-**77006**-5

Inhaltsverzeichnis

Hinweis: Einige Seiten in diesem Band sind nicht bedruckt. Es handelt sich um Rückseiten von Ausschneide-Material.

Pflanzenfamilien

Wald als Lebensgemeinschaft

Wirbellose Tiere in ihrem Lebensräumen

Inhaltsverzeichnis

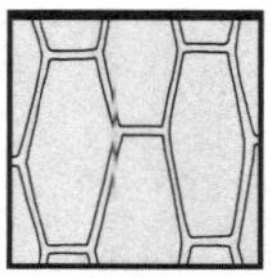

Zellen und einzellige Lebewesen

Systematisierung von Organismengruppen

4 Lippenblütengewächse

1. Beschrifte den schematischen Längsschnitt der Blüte.

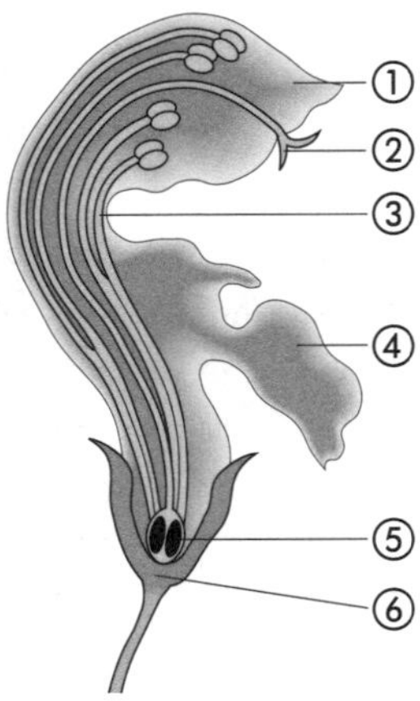

① ______________________

② ______________________

③ ______________________

④ ______________________

⑤ ______________________

⑥ ______________________

2. Gib im Blütendiagramm die entsprechenden Ziffern an.

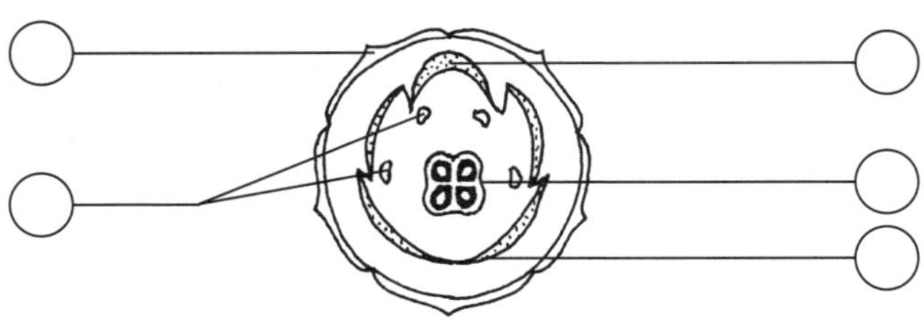

3. Zeichne den Querschnitt durch die Sprossachse der Weißen Taubnessel.

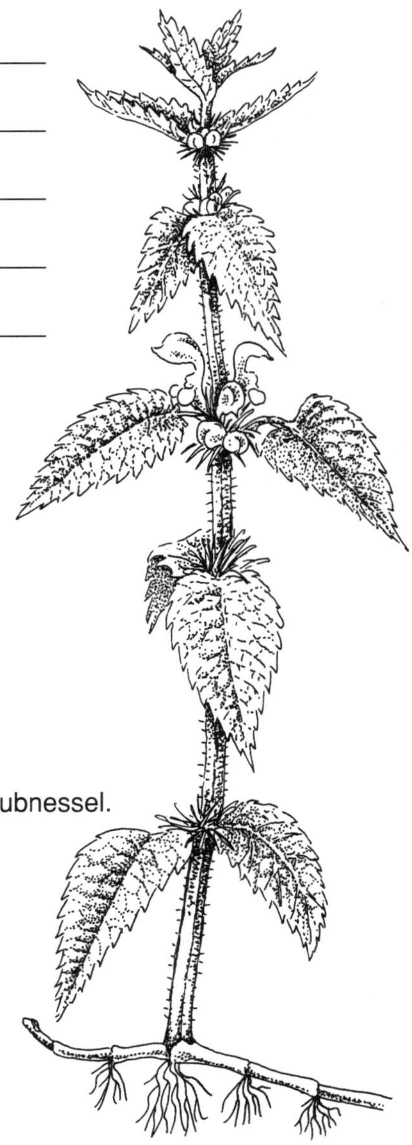
Weiße Taubnessel

4. Viele Gewürzpflanzen gehören zu dieser Pflanzenfamilie. Erkundige dich, wofür sie verwendet werden.

Thymian ______________________

Zitronenmelisse ______________________

Bohnenkraut ______________________

Pfefferminze ______________________

Erlebnis Biologie

Schmetterlingsblütengewächse

1. Beschrifte die Teile einer Erbsenblüte.

2. Benenne die Fruchtform und beschrifte sie.

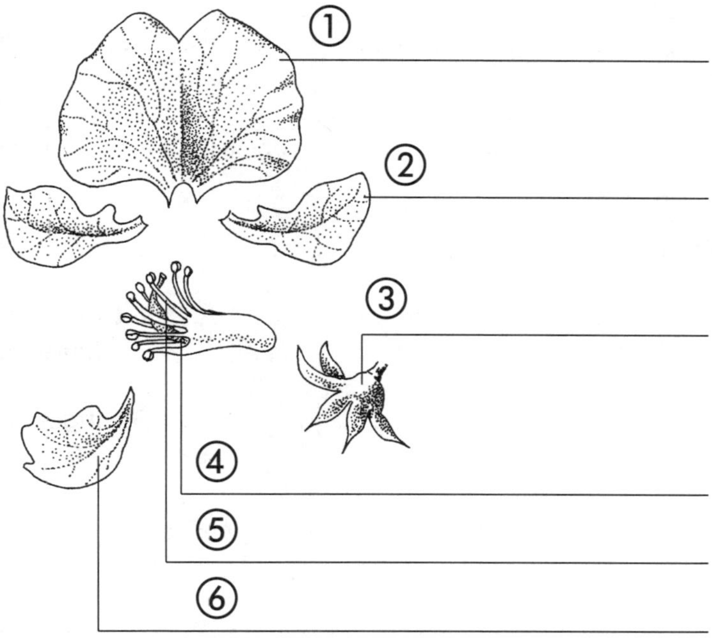

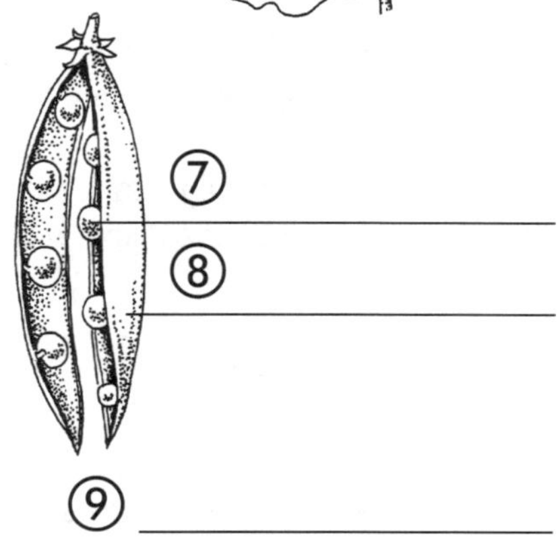

3. Zu den Schmetterlingsblütengewächsen gehören viele verschiedene Arten. Benenne die drei abgebildeten Arten. Gestalte die Pflanzen farbig. Beachte die Blütenfarben A → blau, B → rot-violett, C → gelb.

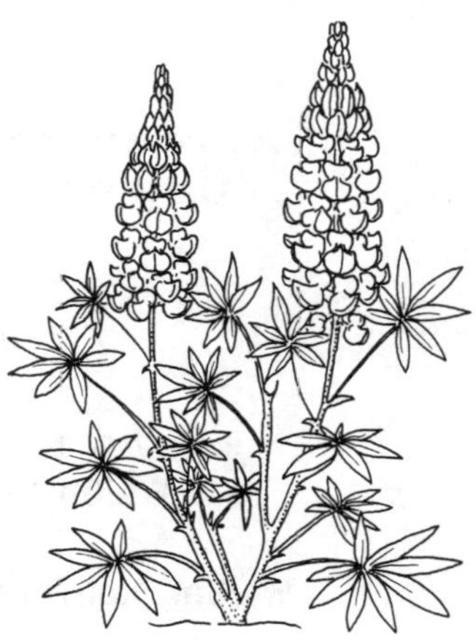

A ____________________

B ____________________

C ____________________

4. Nenne noch drei Gemüsepflanzen dieser Familie.

____

____

6 Bestimmen ausgewählter Schmetterlingsblütengewächse

Mit diesem Bestimmungsschlüssel kannst du ausgewählte Pflanzen der Schmetterlingsblütengewächse bestimmen. Lass dir vom Lehrer drei Pflanzen geben, die so bestimmbar sind. Notiere den Bestimmungsweg zum Beispiel: **1 → 2* → Robinie.** Du kannst auch die Pflanzen auf der Seite 5 bestimmen. Beachte, dass Pflanze C ein zwei bis drei Meter hoher Strauch ist und Pflanze B verwachsene Kronblätter hat.

1	Sprossachse holzig	**2**
1*	Sprossachse krautig	**6**
2	Strauch	**3**
2*	Baum mit weißen Blüten	**Robinie**
3	Blüten in hängenden Trauben	**4**
3*	Blüten einzeln oder zu zweit an den Zweigen	**5**
4	Blüten goldgelb, aufrechte Wuchsform	**Goldregen**
4*	Blüten blau bis zart violett, kletternde Wuchsform	**Blauregen**
5	Blätter nadelförmig, stark stechend	**Stechginster**
5*	Blätter schmal lanzettlich, nicht stechend	**Ginster**
6	Blätter gefingert	**7**
6*	Blätter gefiedert	**14**
7	drei Blättchen stehen zusammen	**9**
7*	fünf oder mehr Blättchen stehen zusammen, Blatt ist gestielt	**8**
8	Blüten blau, selten weiß oder rosa, Zierpflanze	**Stauden-Lupine**
8*	Blüten gelb, Futter- und Gründüngerpflanze	**Gelbe Lupine**
9	Blätter deutlich größer als 10 cm, breit	**10**
9*	Blätter deutlich kleiner als 10 cm	**11**
10	Krone leuchtend rot	**Feuerbohne**
10*	Krone weiß	**Gartenbohne**
11	Kronblätter untereinander verwachsen, fallen verwelkt nicht ab	**12**
11*	Kronblätter nicht verwachsen, fallen verwelkt ab	**13**
12	Blütenfarbe rot	**Rot-Klee**
12*	Blütenfarbe weiß	**Weiß-Klee**
13	Blütenfarbe weiß	**Weißer Steinklee**
13*	Blütenfarbe lebhaft gelb, Fahne und Flügel länger als Schiffchen	**Gelber Steinklee**
14	Fiederblatt paarig gefiedert, am Ende mit Ranke	**15**
14*	Fiederblatt unpaarig gefiedert, meist fünf Blättchen, gelbe Blüten	**Hornklee**
15	Krone rot bis violett, Staubfadenröhre schief abgeschnitten (Lupe!)	**Zaun-Wicke**
15*	Krone weiß bis rosa gefärbt, Staubfadenröhre gerade (Lupe!)	**Garten-Erbse**

Pflanzenfamilien sind vielfältig (1)

1. Bestimme für die Pflanzen A bis F die entsprechende Familie. Notiere im Hefter den Bestimmungsweg.
2. Zeichne für A und E ein Blütendiagramm im Hefter. Beschreibe beide Diagramme.

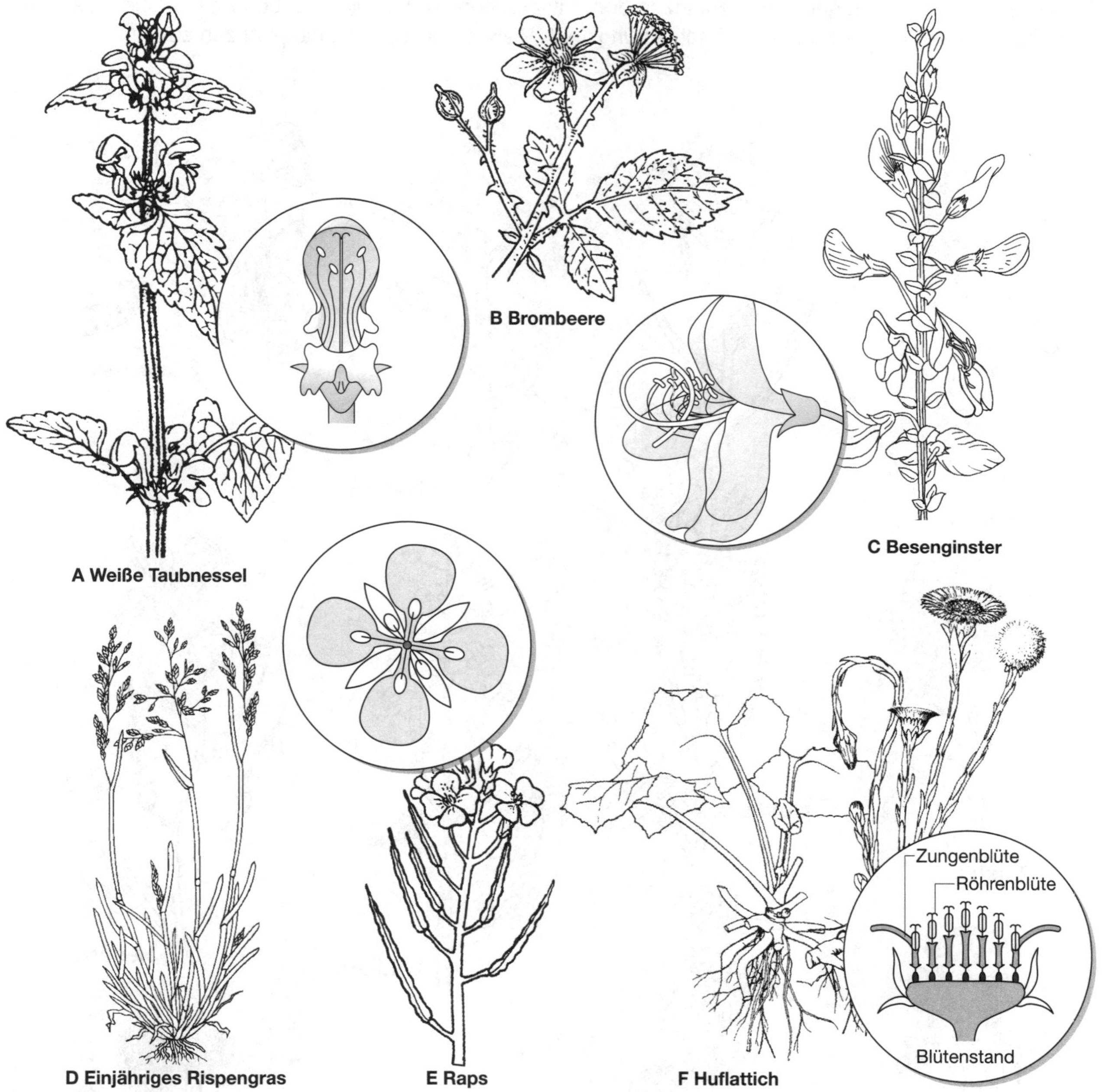

1 Blüten in körbchenförmigem Blütenstand . . . . **Korbblütengewächse**
1* Blüten anders angeordnet 2
2 Blüten grünlich . . . . **Süßgräser**
2* Blütenblätter anders gefärbt 3
3 Blüten strahlig 4
3* Blüten zweiseitig symmetrisch 5
4 jeweils vier Kelch- und Blütenblätter . . . . **Kreuzblütengewächse**
4* jeweils fünf Kelch- und Blütenblätter . . . . **Rosengewächse**
5 zehn Staubblätter . . . . **Schmetterlingsblütengewächse**
5* vier Staubblätter in ungleichen Paaren . . . . **Lippenblütengewächse**

8 Pflanzenfamilien sind vielfältig (2)

1. Nenne die abgebildeten Kreuzblütengewächse.

2. Kreuzblütengewächse sind eine für den Menschen wichtige Pflanzenfamilie. Begründe diese Aussage in deinem Hefter.

3. Ordne die anderen abgebildeten Pflanzen den entsprechenden Familien zu. Lege dazu eine Übersicht im Hefter an. Begründe, warum das Erschließungsfeld „Vielfalt" auch auf Samenpflanzen zutrifft.

Rettich

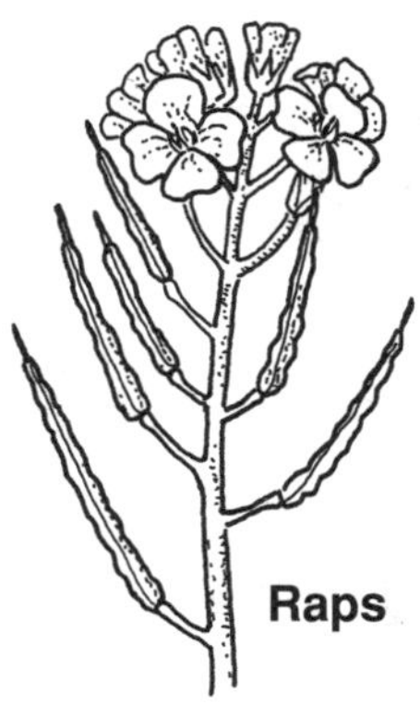

Raps

Meerkohl

Saaterbse

Rotklee

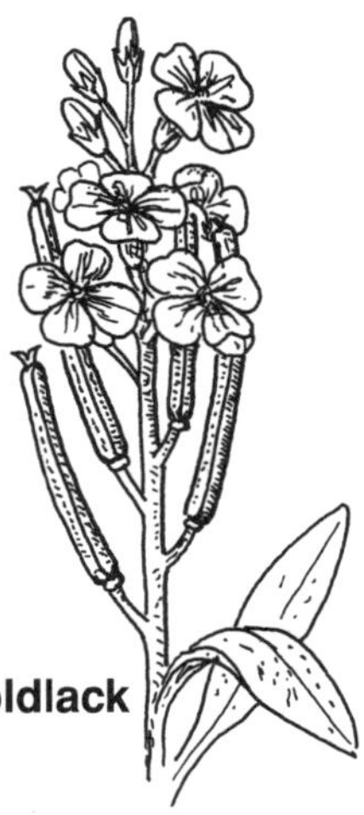

Goldlack

Wildkohl

Hederich

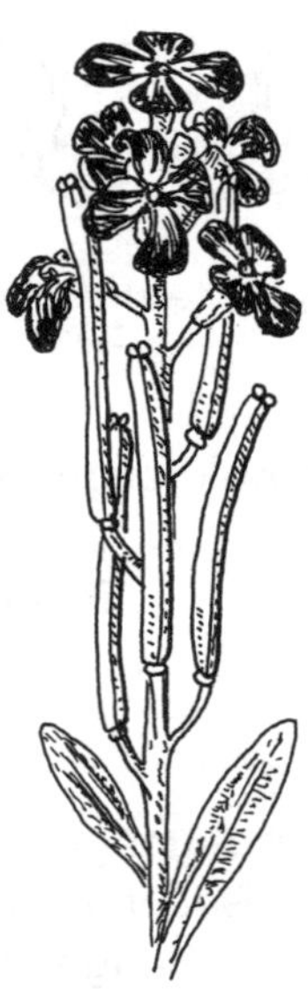

Garten-Levkoje

Gefleckte Taubnessel

Brombeere

Stachel-Distel

Erlebnis Biologie

Die Waldkiefer – ein Kieferngewächs

1. Vervollständige den folgenden Text, in dem wichtige Merkmale der Waldkiefer beschrieben werden. Trage dazu folgende Begriffe ein: eiförmig; 6 cm lang; paarweise; Mai; braunen; Pollenkörner; Samen; zapfenförmige; geschuppten; weibliche; Staubblätter.

Eine Waldkiefer erzählt: „Mich erkennt man an den

________ ________________ zusammenstehenden Nadeln.

Meine Zapfen sind ________________ ____________

und etwa ________________ ________.

Darin befinden sich die geflügelten ____________________.

Ich blühe im ____________________. Dabei trage ich ________ ________________ ________,

________________________ Blütenstände.

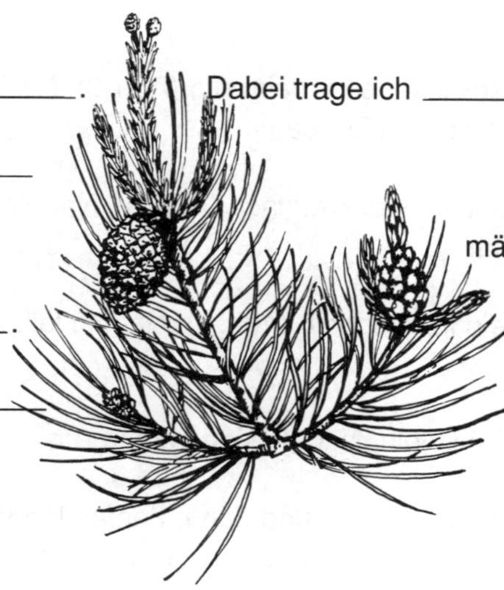

An der Basis sitzen die männlichen Blütenstände. Sie bestehen aus ________________. In ihnen befinden sich viele kleine ____________________ mit Luftsäcken.

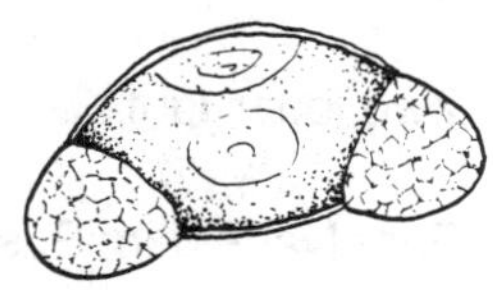

Meinen Stamm erkennt ihr an der ____________________,

______ ________________ Borke.“

2. Benenne die abgebildeten heimischen Kieferngewächse.

		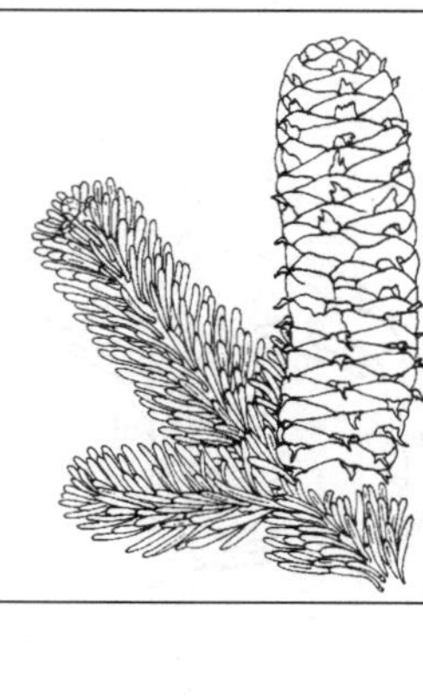

10 Wir bestimmen Kieferngewächse

Mit diesem Bestimmungsschlüssel kannst du acht häufige Kieferngewächse bestimmen.
Lasse dir vom Lehrer einen Zweig geben. (Wenn möglich mit Zapfen.) Prüfe die Merkmale des Zahlenpaares und entscheide dich. Am Zeilenende steht entweder der Name des Baumes oder die Nummer des nächsten Zahlenpaares. Notiere den Bestimmungsweg (z. B. 1 → 2 → 3 – **Gemeine Fichte**).

1 Nadeln stehen einzeln an den Zweigen 2

1* Zwei, fünf oder viele Nadeln stehen in Büscheln 5

2 Nadeln meist vierkantig, stechend, Zweige ohne Nadeln rau (Abb. 1) 3

2* Nadeln flach, nicht stechend, Zweige ohne Nadeln glatt (Abb. 2) 4

3 Nadeln grün, biegsam, Zapfen bis 15 cm lang, Forstbaum .... **Gemeine Fichte**

3* Nadeln graugrün oder silberweiß, stechend, Zapfen bis 10 cm lang, Forstbaum und häufiger Zierbaum .... **Stech-Fichte oder Blau-Fichte**

4 Reife Zapfen hängend, Deckschuppen dreizipflig (Abb. 3), Nadeln beim Zerreiben nach Apfelsine duftend, Forst- und Zierbaum .... **Douglasie**

4* Reife Zapfen aufrecht, Deckschuppen einfach (Abb. 4), Nadeln nicht nach Apfelsine duftend, Forst- und Zierbaum .... **Edel-Tanne**

5 Fünfzehn oder mehr Nadeln in Büscheln (Abb. 5), Nadeln fallen im Herbst ab, Forstbaum .... **Europäische Lärche**

5* Zwei oder fünf Nadeln in Büscheln, Nadeln sind immergrün 6

6 Fünf Nadeln im Büschel, Nadeln weich und dünn, Zapfen länger als 10 cm (Abb. 6), Forst- und Zierbaum .... **Weymouths-Kiefer**

6* Zwei Nadeln im Büschel, Nadeln hart 7

7 Nadeln spitz und graugrün, Zapfen hängend, Rinde braun, häufiger Forstbaum .... **Wald-Kiefer**

7* Nadeln stumpf und dunkelgrün, Zapfen aufrecht, Rinde grau, Baum oder Strauch, nur im Gebirge oder als Zierstrauch .... **Berg-Kiefer**

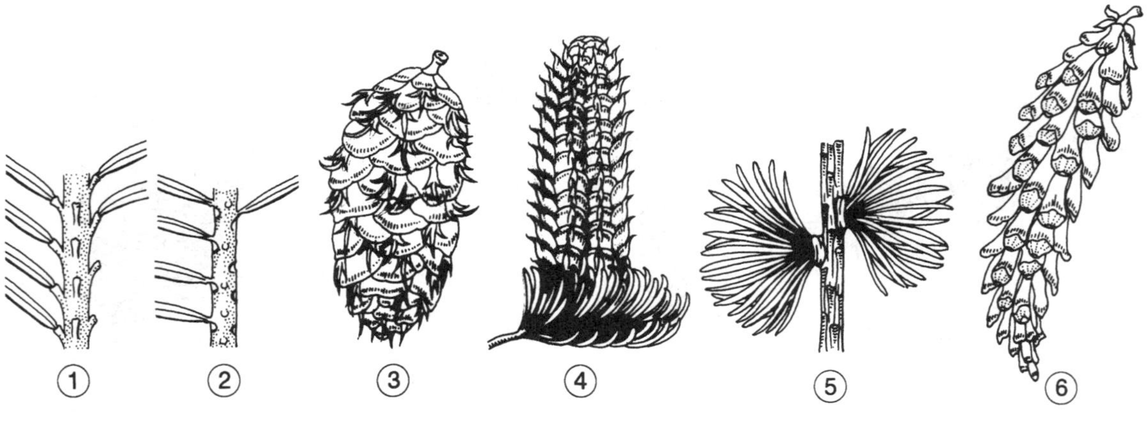

Stockwerke im Wald

1. Schreibe auf die linke Seite die Namen der einzelnen Stockwerke im Wald. Notiere auf der rechten Seite möglichst viele Pflanzen und Pilze, die dieses Stockwerk bilden. Ergänze auch Tiere, die sich dort regelmäßig aufhalten.

Pflanzen, Pilze	Tiere

Pflanzen im Wald

1. Ergänze die Steckbriefe. Arbeite mit dem Lehrbuch und einem Pflanzenführer.
2. Notiere in den Kreisen ein Ⓕ für Frühblüher oder ein Ⓢ für Sommerblüher.

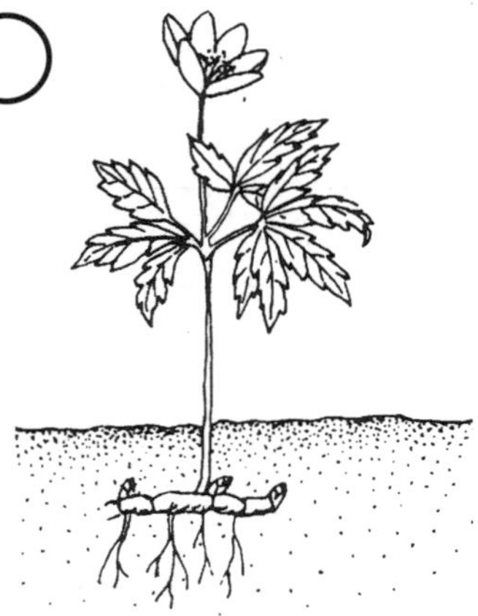

Name: ______________________

____

Blütezeit: ______________________

____

Speicherorgan: ______________________

____

Name: ______________________

____

Blütezeit: ______________________

____

Speicherorgan: ______________________

____

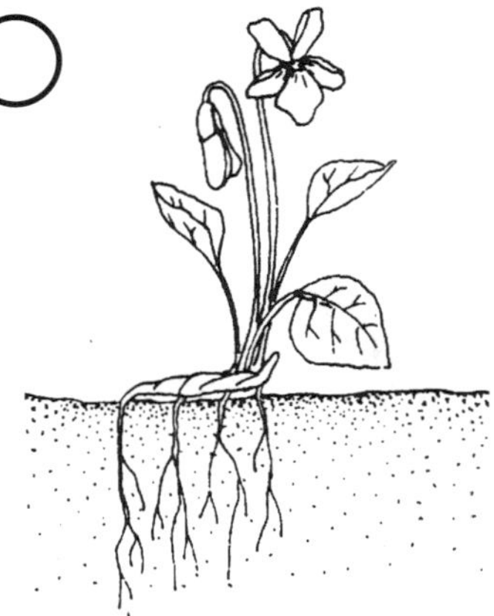

Name: ______________________

____

Blütezeit: ______________________

____

Speicherorgan: ______________________

____

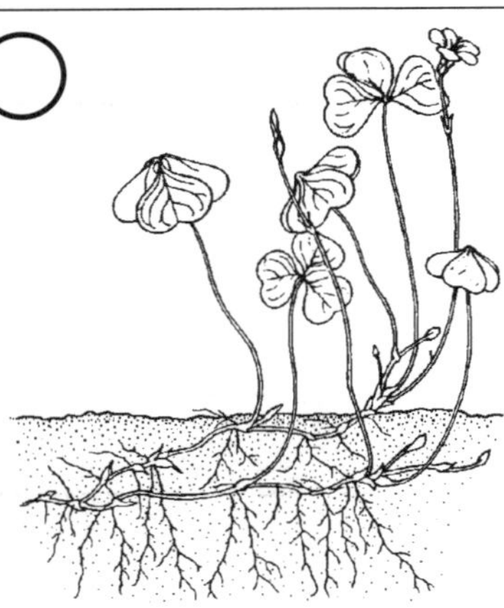

Name: ______________________

____

Blütezeit: ______________________

____

Speicherorgan: ______________________

____

Name: ______________________

____

Blütezeit: ______________________

____

Speicherorgan: ______________________

____

Name: ______________________

____

Blütezeit: ______________________

____

Speicherorgan: ______________________

____

Der Wald ist Lebensraum für viele Tiere

1. Benenne die abgebildeten Tiere.

① ______________________

② ______________________

③ ______________________

④ ______________________

⑤ ______________________

⑥ ______________________

⑦ ______________________

⑧ ______________________

⑨ ______________________

⑩ ______________________

⑪ ______________________

⑫ ______________________

2. Ordne den einzelnen Beschreibungen die richtige Abbildung zu.

3. Ergänze jeweils die Schicht des Waldes, in der die Tiere vor allem leben.

A Tier ◯ ist ein Vogel mit lautem Warnruf.
B Tier ◯ ist ein dämmerungs- und nachtaktives Säugetier.
C Dieser Vogel ist ein Höhlenbrüter. ◯
D Sie lebt unter Wurzeln. ◯
E Dieses Säugetier wird auch gejagt. ◯
F Er läuft kopfunter am Stamm. ◯
G Tier ◯ kann Tollwut übertragen.
H Tier ◯ ist sehr klein.
I Er fliegt nachts. ◯
J Tier ◯ ist ein Raubtier.
K Sie hinterlässt eine Schleimspur. ◯
L Er ist schwarz und hat einen roten Kopf. ◯

Die Tiere ①, ②, ③, ④, ⑧, und ⑨, leben in ______________________.

Tier ⑪, triffst du in ______________________.

Die Tiere ⑦, und ⑫ laufen häufig durch die ______________________.

⑤, ⑥ und ⑩ findest du in der ______________________ ______________________,

⑤ und ⑦ auch mal in der ______________________ ______________________.

Erlebnis Biologie

Ergänze die einzelnen Zettel auf der Pinnwand.

1. Benenne die beiden Gruppen der Hutpilze und die einzelnen Teile.

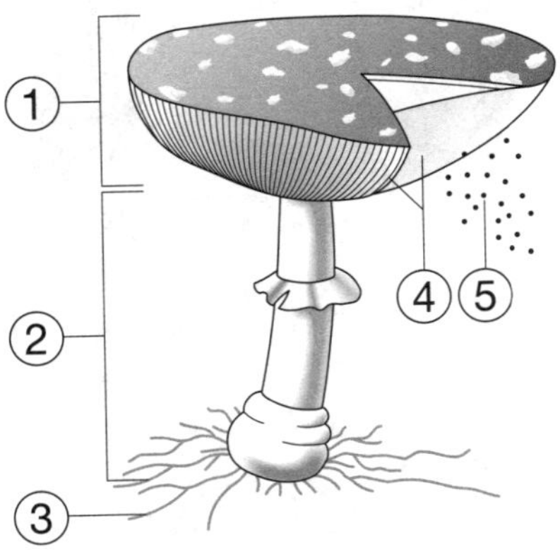

1 ____________________
2 ____________________
3 ____________________
4 ____________________
5 ____________________
6 ____________________

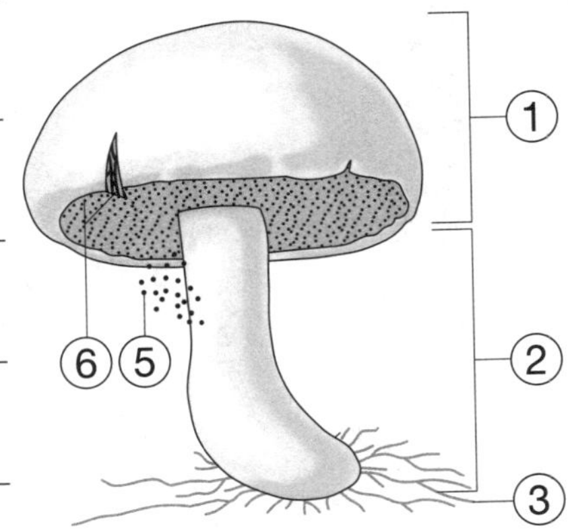

A ____________________ **B** ____________________

2. Gib die Namen der einzelnen Teile eines Laubmoospflänzchens an.

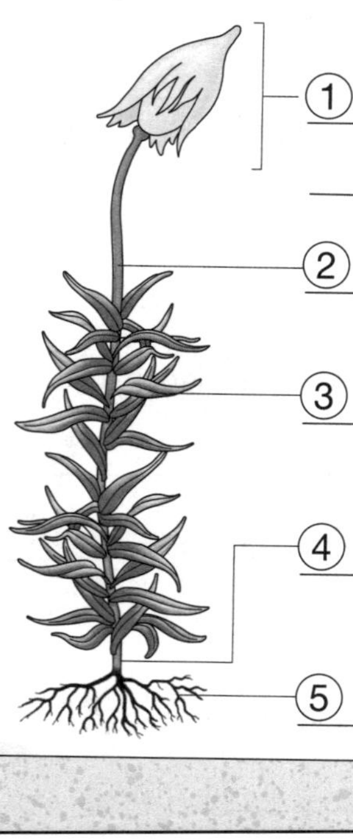

1 ____________________
____
2 ____________________
3 ____________________
4 ____________________
5 ____________________

3. Nenne jeweils drei essbare und drei giftige Pilze.

 ____________________
____
____

 : ____________________
____
____

Artenkenntnis Pilze

1. Lies dir die unten abgebildeten Steckbriefe sorgfältig durch. Benenne dann die gezeichneten Pilze.

2. Gestalte die Pilze farbig.

① ______________________

② ______________________

③ ______________________

④ ______________________

⑤ ______________________

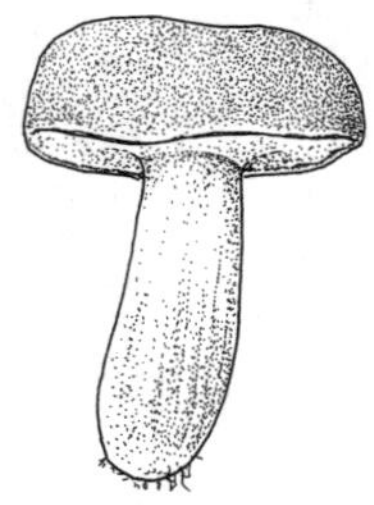

⑥ ______________________

Steckbrief: Fliegenpilz
Größe: 12 bis 25 cm hoch, Hut bis 20 cm breit
Typische Merkmale: roter Hut, bei Jungpilzen kugelig, später schirmartig; trägt weiße Flocken; Stiel ebenfalls weiß, unten knollig verdickt; giftig
Fundort: in allen Waldarten, meist unter Birken oder Fichten

Steckbrief: Panterpilz
Größe: bis 17 cm hoch, Hut etwa 10 cm breit
Typische Merkmale: Hut erst halbkugelig, später schirmartig ausgebreitet; grau bis gelbbraun mit weißen Flocken; schlanker, weißer Stiel mit ungeriefter Manschette; entspringt einer Knolle; giftig
Fundort: auf Sandböden in Heiden, Laub- und Nadelwäldern

Steckbrief: Pfifferling
Größe: 3 bis 9 cm hoch
Typische Merkmale: fleischiger dottergelber Fruchtkörper, Rand ist gewellt und gelappt; Leisten laufen zum Stiel
Fundort: vorwiegend in Nadelwäldern, meist in kleinen Gruppen, selten in Laubwäldern

Steckbrief: Marone (Maronenröhrling)
Größe: 6 bis 14 cm hoch; bis 15 cm breiter Hut
Typische Merkmale: Hut braun, auf der Unterseite gelbe Röhren, die bei Druck blau anlaufen
Fundort: im Nadelwald unter Fichten und Kiefern, seltener in Laubwäldern unter Buchen und Eichen

Steckbrief: Grüner Knollenblätterpilz
Größe: bis 12 cm hoch, Hut etwa 10 cm breit
Typische Merkmale: Jungpilze sind von einer weißen, häutigen Hülle umgeben; Hut erst rund, später glockig bis schirmartig; die Farbe kann von olivgrün über gelblich bis weiß variieren; Lamellen weiß; Stiel schlank, knolliges unteres Ende; sehr giftig
Fundort: bevorzugt in Laubwäldern unter Eichen, Buchen und Hasel, seltener in Nadelwäldern

Steckbrief: Rotkappe
Größe: bis zu 20 cm hoch, bis 20 cm breiter Hut
Typische Merkmale: orangeroter Hut, Stiel weiß-schwarz marmoriert, läuft beim Anschneiden schwarz an
Fundort: vor allem in Laubwäldern unter Birken und Zitterpappeln

16 Farne

1. An feuchten, schattigen Stellen der Wälder wachsen Farne. Benenne die Teile einer Farnpflanze.

① ____________________

② ____________________

③ ____________________

④ ____________________

2. a) Farne bilden keine Blüten aus. Ordne folgende Begriffe der entsprechenden Abbildung zu:
Sporen, Farnpflanze, Fiederblättchen mit Sporenkapseln, Sporenkapsel

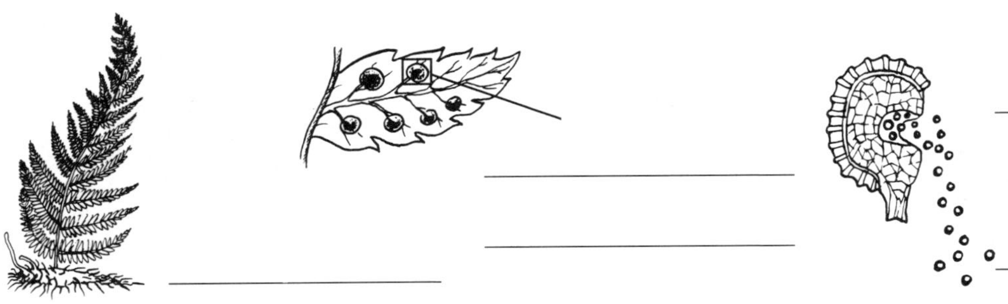

b) Ergänze den Lückentext.

Farne bilden ______________ aus, die häufig vom ____________ verbreitet werden. Auf feuchtem Boden können daraus neue __________ pflanzen entstehen.

Farne sind __________ pflanzen. Die Fortpflanzung durch Sporen ist eine Form der ______________ ______________ Fortpflanzung.

3. Es gibt eine Vielzahl von Farn- und Moospflanzen.
a) Ordne die Namen richtig zu.
b) Erläutere in deinem Hefter die Bedeutung von Moos- und Farnpflanzen.

① Adlerfarn ② Wurmfarn ③ Tüpfelfarn ④ Brunnenlebermoos ⑤ Torfmoos ⑥ Weißmoos

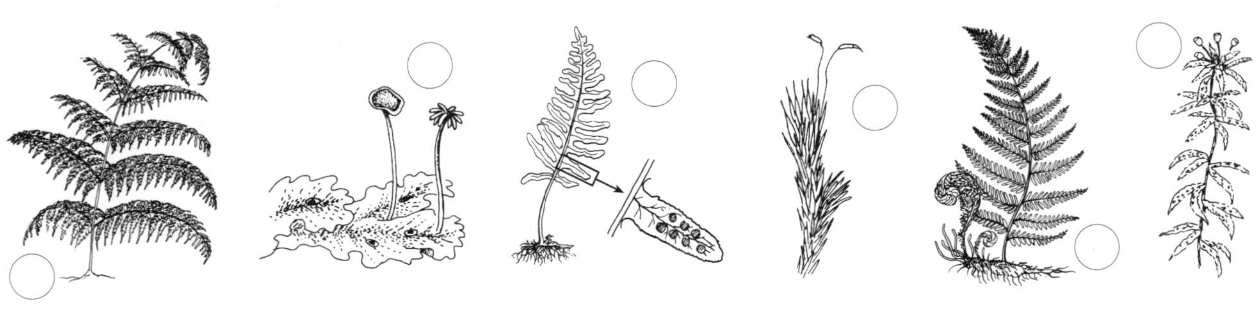

Nahrungsnetz im Wald

1. Benenne die dargestellten Tiere des Waldes.

① ____________________ ⑦ ____________________

② ____________________ ⑧ ____________________

③ ____________________ ⑨ ____________________

④ ____________________ ⑩ ____________________

⑤ ____________________ ⑪ ____________________

⑥ ____________________

2. Kennzeichne die Nahrungsbeziehungen zwischen den Lebewesen durch Pfeile. Wende das Erschließungsfeld „Wechselwirkung" auf diese Beziehungen an.

____

____

____

3. Notiere zwei Nahrungsketten aus dem oben abgebildeten Nahrungsnetz.

____

____

Bedeutung von Wäldern

1. Ergänze die verschiedenen Bedeutungen des Waldes.

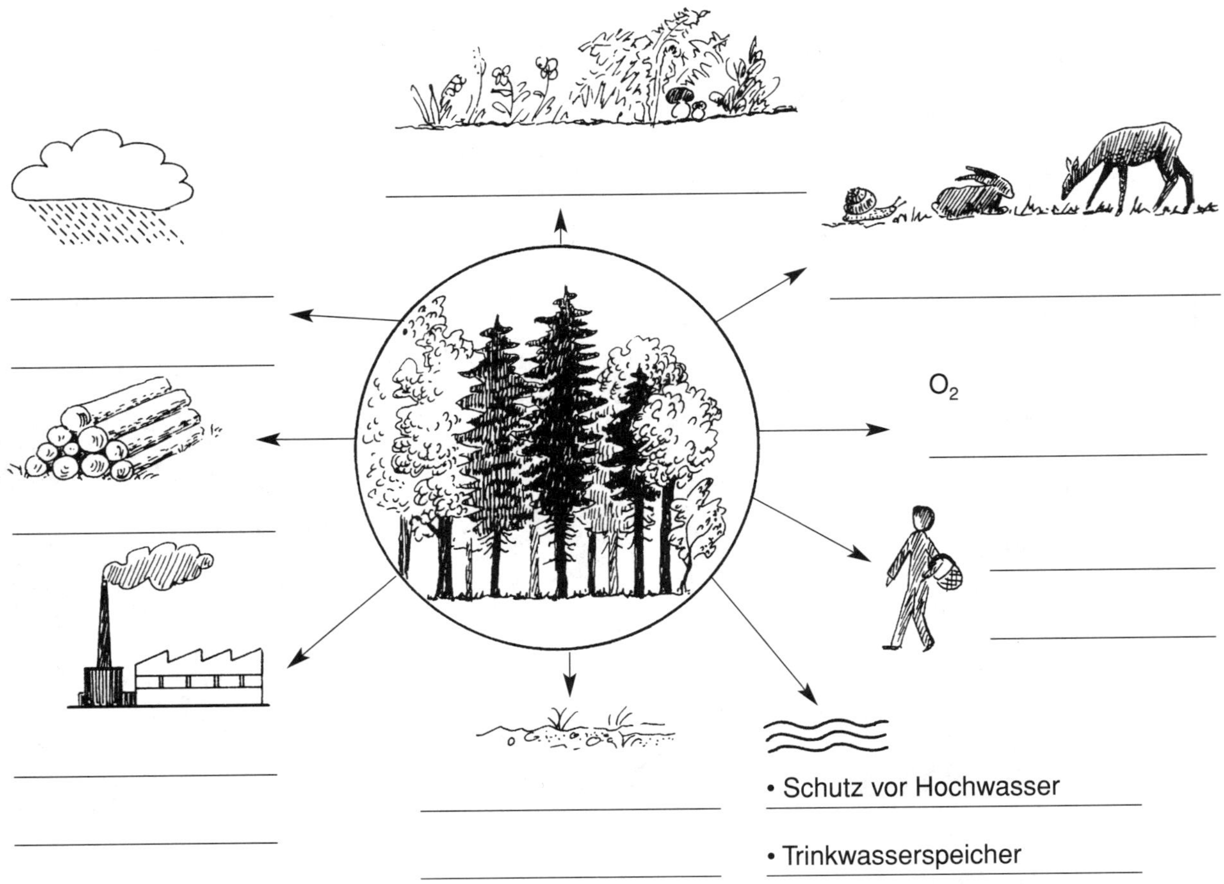

2. Ein Viertel der Landesfläche von Sachsen ist mit Wäldern bedeckt. Trage einige wichtige Waldgebiete in die Karte ein. Informiere dich über den Zustand der sächsischen Wälder. Nutze dazu zum Beispiel den Waldschadensbericht. Beurteile dann den aktuellen Zustand.

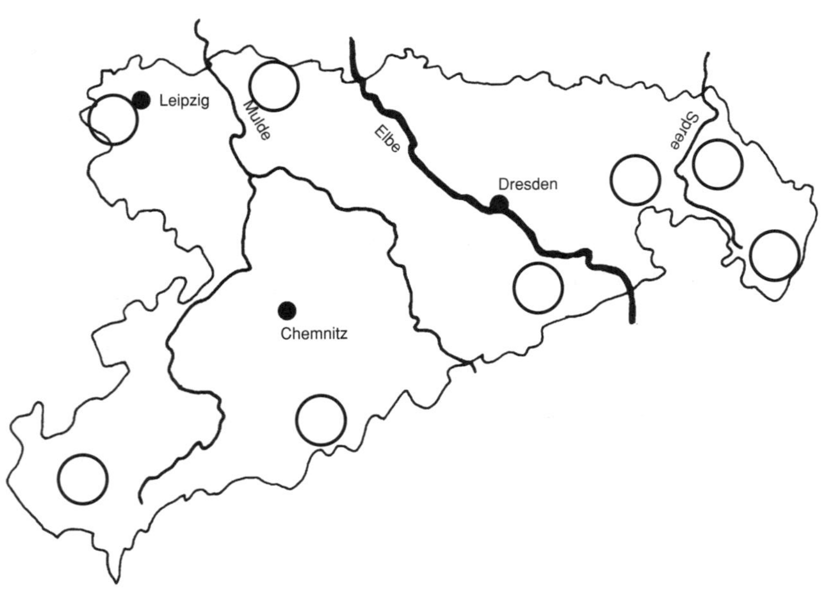

① Erzgebirge
② Sächsische Schweiz
③ Dübener Heide
④ Oberlausitzer Bergland
⑤ Auenwald
⑥ Vogtland
⑦ Oberlausitzer Heide
⑧ Zittauer Gebirge

Gefahren für den Wald

1. Wende das Erschließungsfeld „Wechselwirkung“ auf den Wald an, indem du Ursachen und mögliche Folgen für die Gefährdung von Wäldern angibst. Trage dazu in die folgende Übersicht Beispiele ein.
2. Nenne Maßnahmen gegen das Waldsterben.

Wälder sind gefährdet durch:

Schadinsekten	Schadstoffe	weitere Ursachen

Mögliche Folgen:

Vielfalt wirbelloser Tiere

Wirbellose Tiere sind besonders arten- und formenreich. Um diese Vielfalt zu ordnen, hat man die einzelnen Tiergruppen in Tierstämmen zusammengefasst. Die Tabelle zeigt dir einen kleinen Ausschnitt davon.

Tierstamm		**Tiergruppen (Beispiele)**
Ringel- würmer		• Wenigborster • Vielborster
Hohltiere		• ____ • ____ • ____
Weichtiere		• ____ • ____ • ____
Gliederfüßer	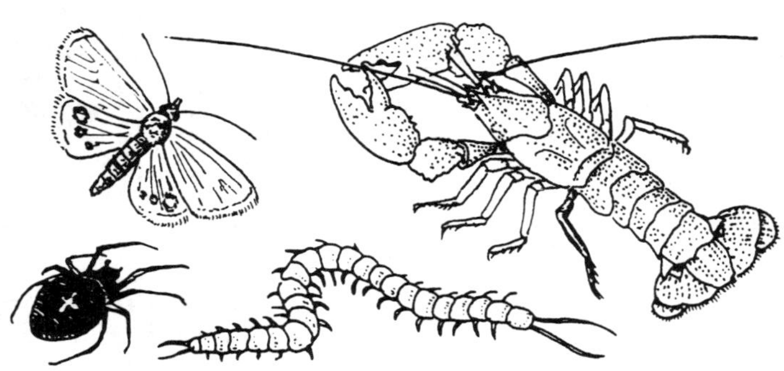	• ____ • ____ • ____ • ____

1. Ergänze in der Tabelle die Abbildung eines Regenwurms. Betrachte dazu ein lebendes Tier und zeichne es so genau wie möglich.

2. Ordne dann den einzelnen Tierstämmen die Tiergruppen zu. Die Abbildungen helfen dir, die Gruppen richtig zu benennen.

3. Gestalte im Hefter eine Seite unter der Überschrift „Vielfalt wirbelloser Tiere“. Sammle oder zeichne dazu Bildmaterial. Benenne deine Tiere und gib die Tiergruppe bzw. den Tierstamm an.

Gefährdete wirbellose Tiere – ein Streifzug

Der Schutz einzelner bedrohter Tierarten ist vielen Menschen in den letzten Jahren wichtig geworden. Zeitungen und Fernsehen informieren uns regelmäßig über gefährdete Arten und verschiedene Schutzprogramme. Auch dir fallen bestimmt auf Anhieb Beispiele wie Wal, Elefant, Tiger, Pandabär und Biber ein. Weniger bekannt ist, dass noch viel mehr wirbellose Tiere vom Artensterben betroffen sind. Auf ein gefährdetes Wirbeltier kommen immerhin 1200 bedrohte Wirbellose. Manche sterben aus, bevor wir sie überhaupt kennen.

Die etwa zehn Zentimeter lange **Flussperlmuschel** hat dickwandige Schalen. Sie kommt in sauberen, kalkarmen Bächen vor. Die Flussperlmuschel kann Perlen bilden, die sehr langsam wachsen und deshalb besonders wertvoll sind. Aus diesem Grund wurden die Muscheln seit dem 15. Jahrhundert gesammelt und gehandelt. Früher waren sie in Europa, Asien und Nordamerika häufig. Durch die zunehmende Wasserverschmutzung ist der Bestand an Flussperlmuscheln stark zurückgegangen. Sie sind heute vom Aussterben bedroht.

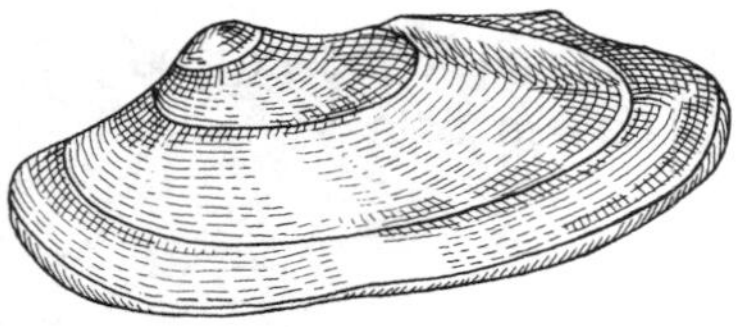

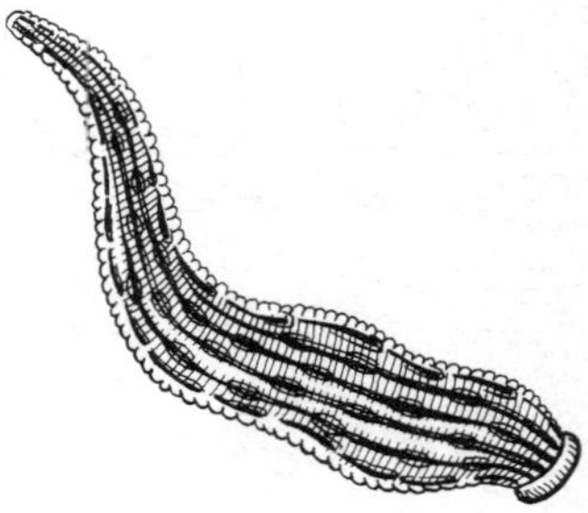

Der **medizinische Blutegel** lebt in flachen Gewässern wie Seen, Teichen und Flachmooren. Dabei bevorzugt er Wasser, das von Tieren zur Tränke genutzt wird. Er ist mit bis zu zwanzig Zentimetern die größte Egelart in Deutschland. Der Blutegel wurde im letzten Jahrhundert vielfach gesammelt und in der Medizin zum Blutschröpfen verwendet. Heute ist dieser Egel selten geworden. Ihm fehlen häufig geeignete Gewässer zum Überleben.

Der **Hirschkäfer** ist der größte Käfer Mitteleuropas. Er kann bis zu acht Zentimeter lang werden und kommt in Laubwäldern vor. Die Käferlarven leben fünf bis sechs Jahre in vermodernden Wurzeln oder Baumstümpfen. Die Unsitte, Wälder von allem Totholz zu säubern, hat zu einer drastischen Verringerung der Bestände geführt. Auch Rodungen und das Tiefpflügen vor Wiederaufforstungen haben dazu beigetragen, dass der Hirschkäfer heute vom Aussterben bedroht ist.

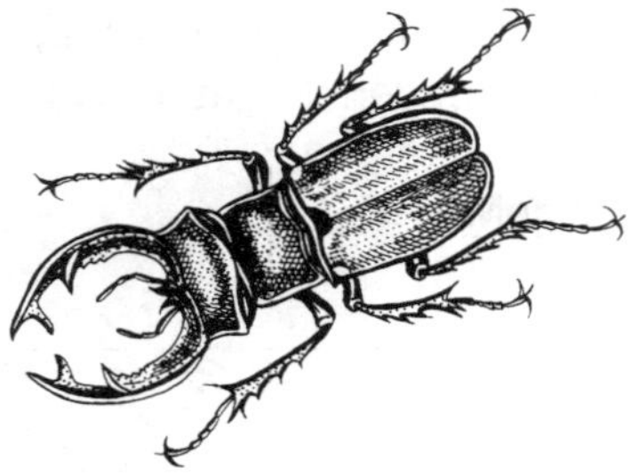

Der **Schwalbenschwanz** ist ein gelb-schwarzer Schmetterling. Er erreicht eine Flügelspannweite von sieben bis zehn Zentimetern. Der Schwalbenschwanz lebt in naturnahen Landschaften wie Mooren, Feucht- und Bergwiesen. Da diese Gebiete stark zurück gegangen sind, wurde sein Lebensraum immer mehr eingeengt. Auch chemische Insektenvernichtungsmittel haben diesen Schmetterling an den Rand des Aussterbens gebracht.

Lies den oben stehenden Text genau durch. Löse dann folgende Aufgaben im Hefter.

1. Stelle für die vier abgebildeten wirbellosen Tiere kurze Steckbriefe zusammen. Berücksichtige dabei Größe, Lebensraum und Bedrohung.

2. Nenne mögliche Schutzmaßnahmen, um die Vielfalt wirbelloser heimischer Tiere zu erhalten.

22 Der Regenwurm

1. Die Abbildung zeigt Organe des Regenwurms.
a) Kennzeichne die Organsysteme A, C, D und E farbig.
b) Ordne der Abbildung folgende Begriffe zu, indem du die vorgegebenen Ziffern in die Kreise einträgst.

A Strickleiternervensystem mit ① Nervenknoten, ② Nervensträngen, ③ Oberschlundganglion
B Muskelsystem mit ④ Hautmuskelschlauch
C Blutgefäßsystem mit ⑤ Rückengefäß, ⑥ Bauchgefäß, ⑦ Ringgefäß
D Darm
E Ausscheidungsorgane
F Leibeshöhle

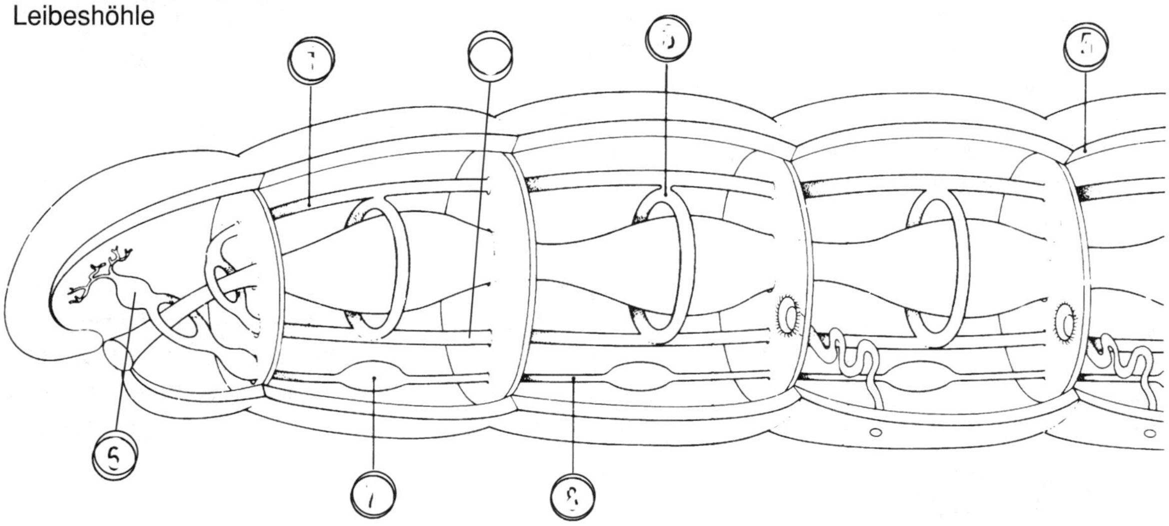

2. Der Regenwurm ist dem Leben im Boden angepasst. Zusammen mit allen anderen Ringelwürmern gehört er in die große Gruppe der Gliedertiere. Erkläre die typischen Merkmale des Regenwurms mithilfe der folgenden Vorgaben. Nutze die Inhalte des Erschließungsfeldes „Angepasstheit".

Ringelwurm ____

____

____

Feuchtlufttier ____

____

____

Hautatmer ____

____

____

Bedeutung ____

____

____

____

Insekten sind vielgestaltig

1. Wie du dem Kreisdiagramm entnehmen kannst, gehören die meisten Tiere zu den Insekten. Insekten lassen sich in Insektenordnungen wie Hautflügler, Schmetterlinge und Käfer untergliedern.
Ergänze Merkmale und Beispiele dieser Ordnungen in der Tabelle.

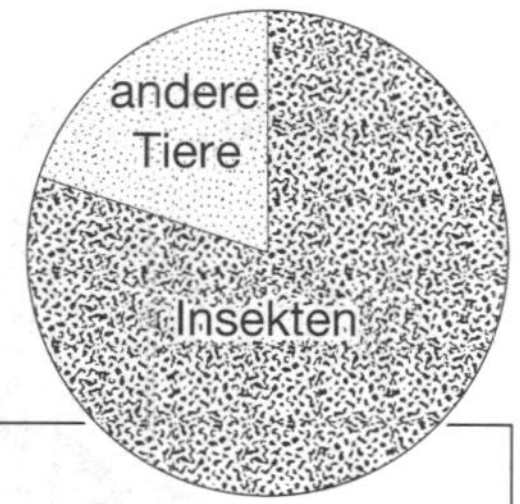

Insektenordnung	Merkmale	Beispiele
Hautflügler 		
Schmetterlinge 		
Käfer 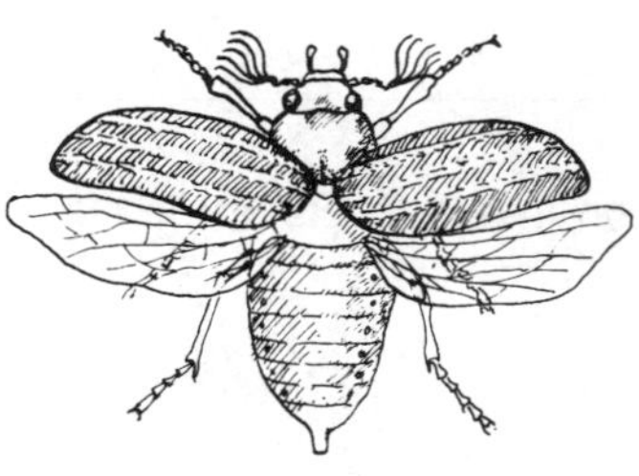		
Zweiflügler 		

24 Bau der Insekten

1. Benenne die Teile des Körpers einer Wespe.

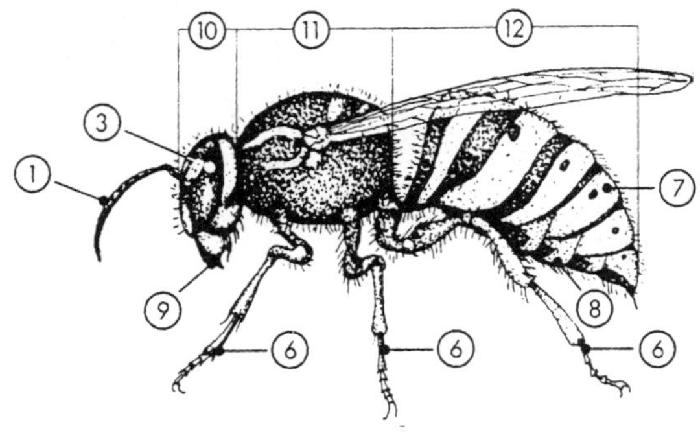

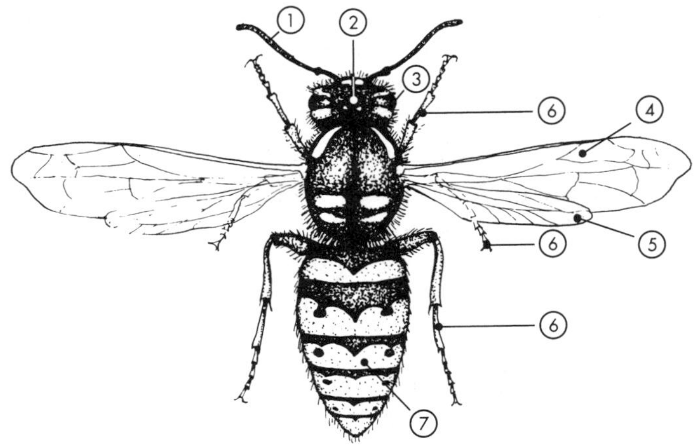

① ______________________ ⑦ ______________________

② ______________________ ⑧ ______________________

③ ______________________ ⑨ ______________________

④ ______________________ ⑩ ______________________

⑤ ______________________ ⑪ ______________________

⑥ ______________________ ⑫ ______________________

2. Insekten weisen typische Merkmale auf. Ergänze sie.

Atmung: ______________________

Blutkreislauf: ______________________

Skelett: ______________________

3. In den folgenden Abbildungen siehst du verschiedene Mundwerkzeuge von Insekten. Benenne sie und gib jeweils ein Beispiel an.

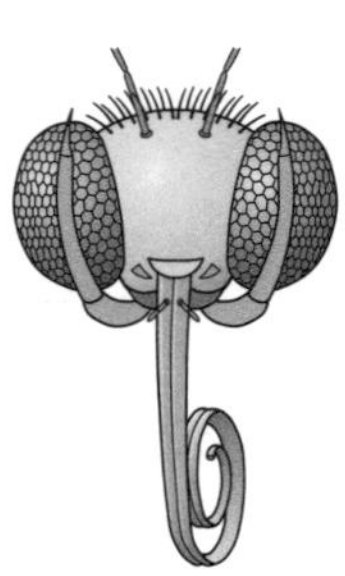

A

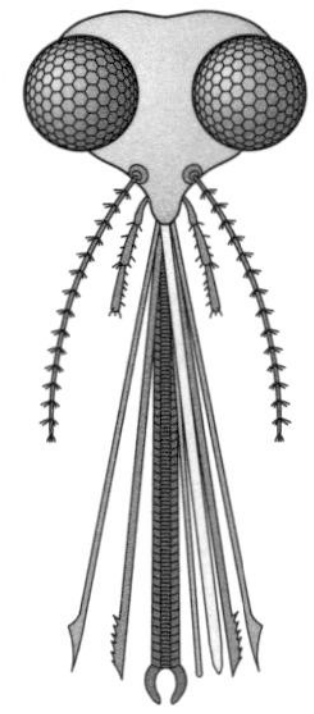

B

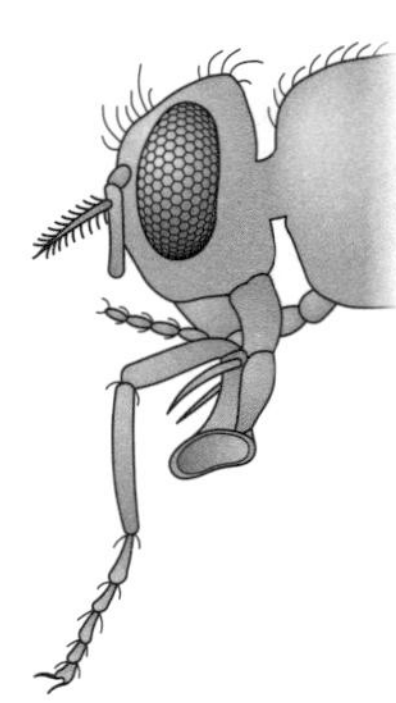

C

______________________ ______________________ ______________________

______________________ ______________________ ______________________

______________________ ______________________ ______________________

Insekten verwandeln sich

1. Heuschrecken und Schmetterlinge durchlaufen eine unterschiedliche Entwicklung. Benenne dazu in den folgenden Abbildungen die einzelnen Entwicklungsstadien und ergänze die Begriffe vollkommene und unvollkommene Verwandlung.

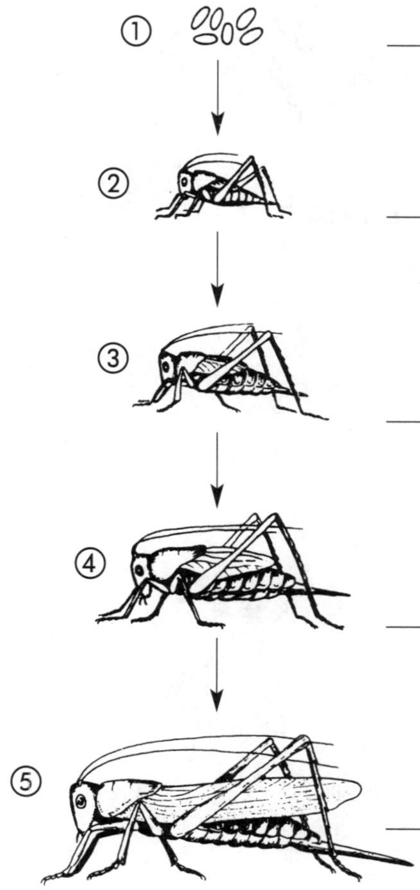

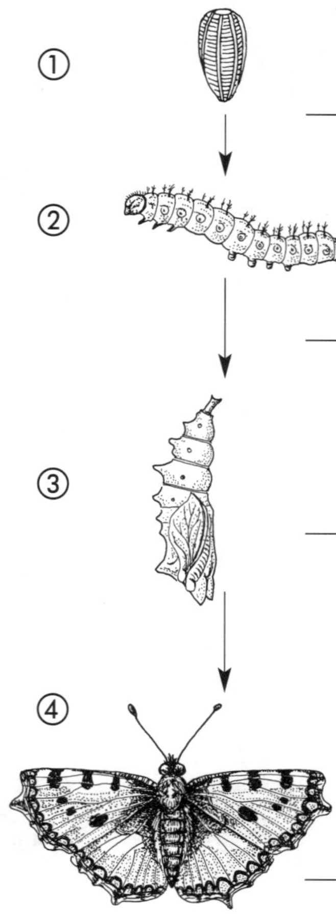

2. In der Abbildung sind Larven, Puppen und Vollinsekten von **F**liege und **M**ücke dargestellt. Ordne zu, indem du den Anfangsbuchstaben des richtigen Namens in den Kreis neben der Entwicklungsform einträgst.

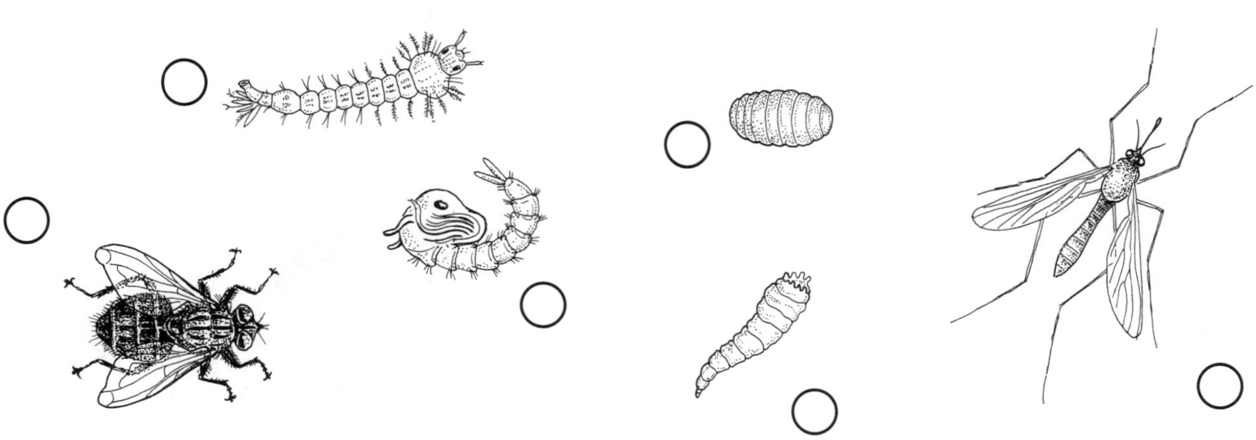

Bienen leben in einem Staat

1. Beschreibe in deinem Hefter die Fortpflanzung der Honigbiene.

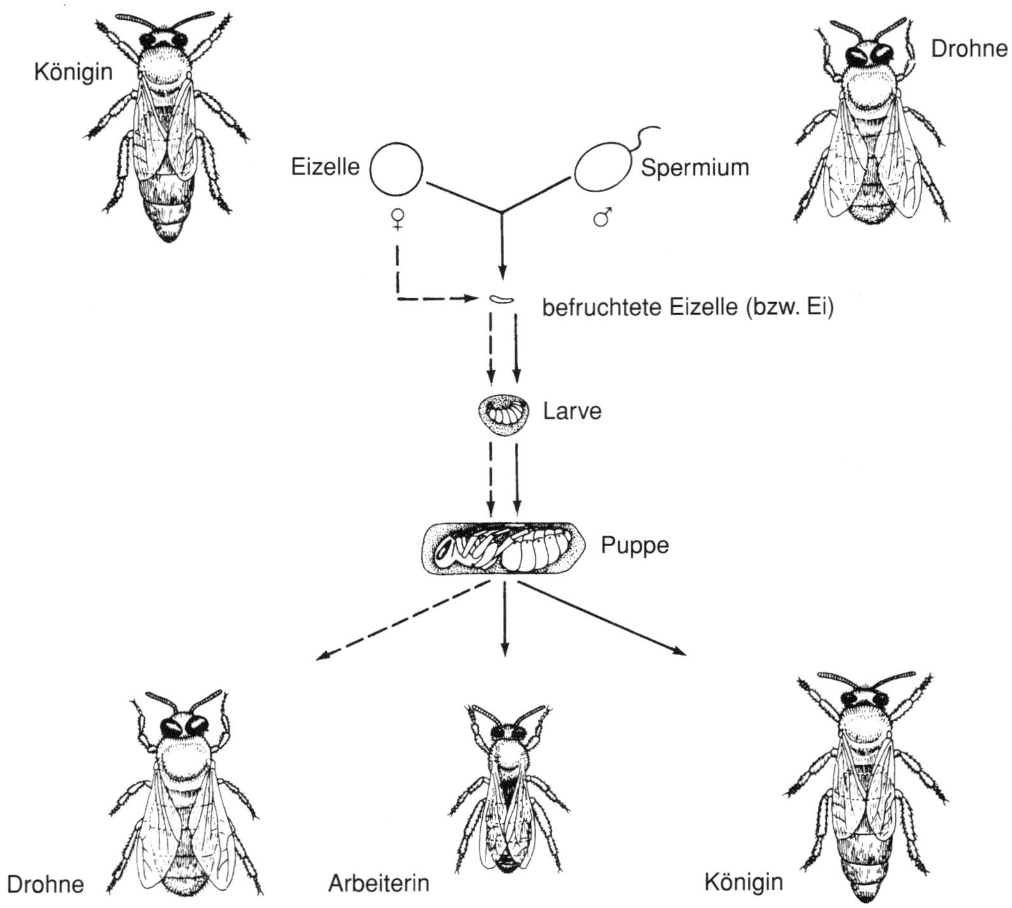

2. Fülle die Tabelle aus.

	Drohne	**Arbeiterin**	**Königin**
besondere Merkmale im Körperbau			
Aufgaben im Bienenstaat			

3. Welche Vorteile hat das Zusammenleben in einem Bienenstaat für die einzelne Biene? Antworte in deinem Hefter.

Lebenslauf einer Arbeitsbiene

Die Bilder zeigen in „vermenschlichter" Darstellung verschiedene Entwicklungsabschnitte und Tätigkeiten, die eine Arbeitsbiene im Laufe ihres Lebens erfüllt.

1. Schneide die Abbildungen aus, ordne sie und klebe sie gemäß der Lebensuhr einer Arbeitsbiene in der richtigen Reihenfolge in deinen Hefter.

2. Beschrifte die Abbildungen.

A

B

C

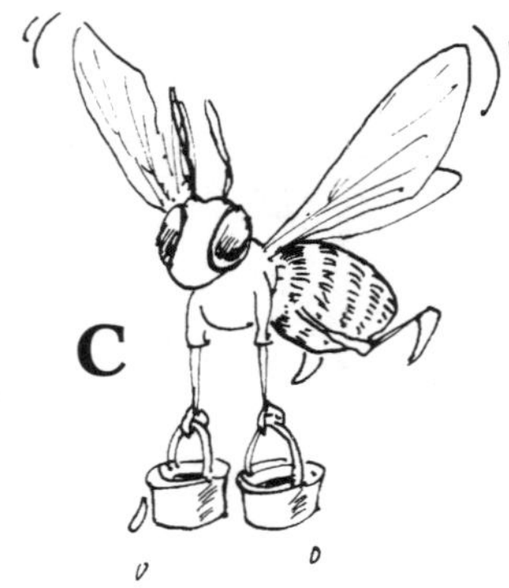

D

E

G

F

H

J

K

L

M

Rote Waldameisen sind nützlich

Die Abbildung zeigt das Hügelnest der Roten Waldameise.

1. Ordne den Ziffern die passenden Begriffe zu.

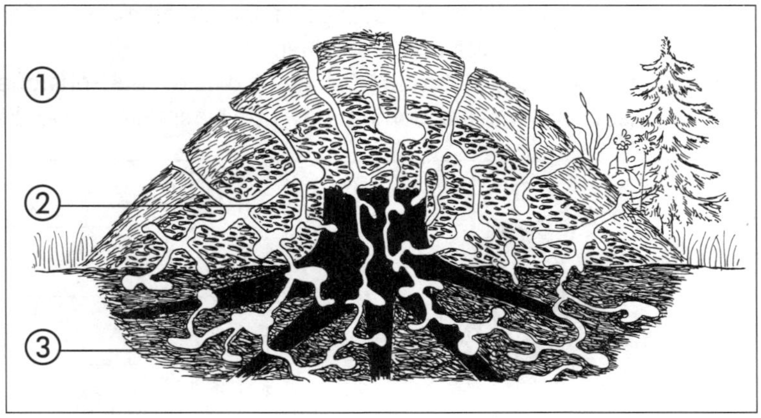

2. Beschreibe den Aufbau des Hügelnestes im Hefter.

3. Finde für jedes Bild aus dem Leben der Waldameise eine kurze, passende Beschreibung. Notiere diese im Hefter. Begründe, warum die Rote Waldameise unter Naturschutz steht.

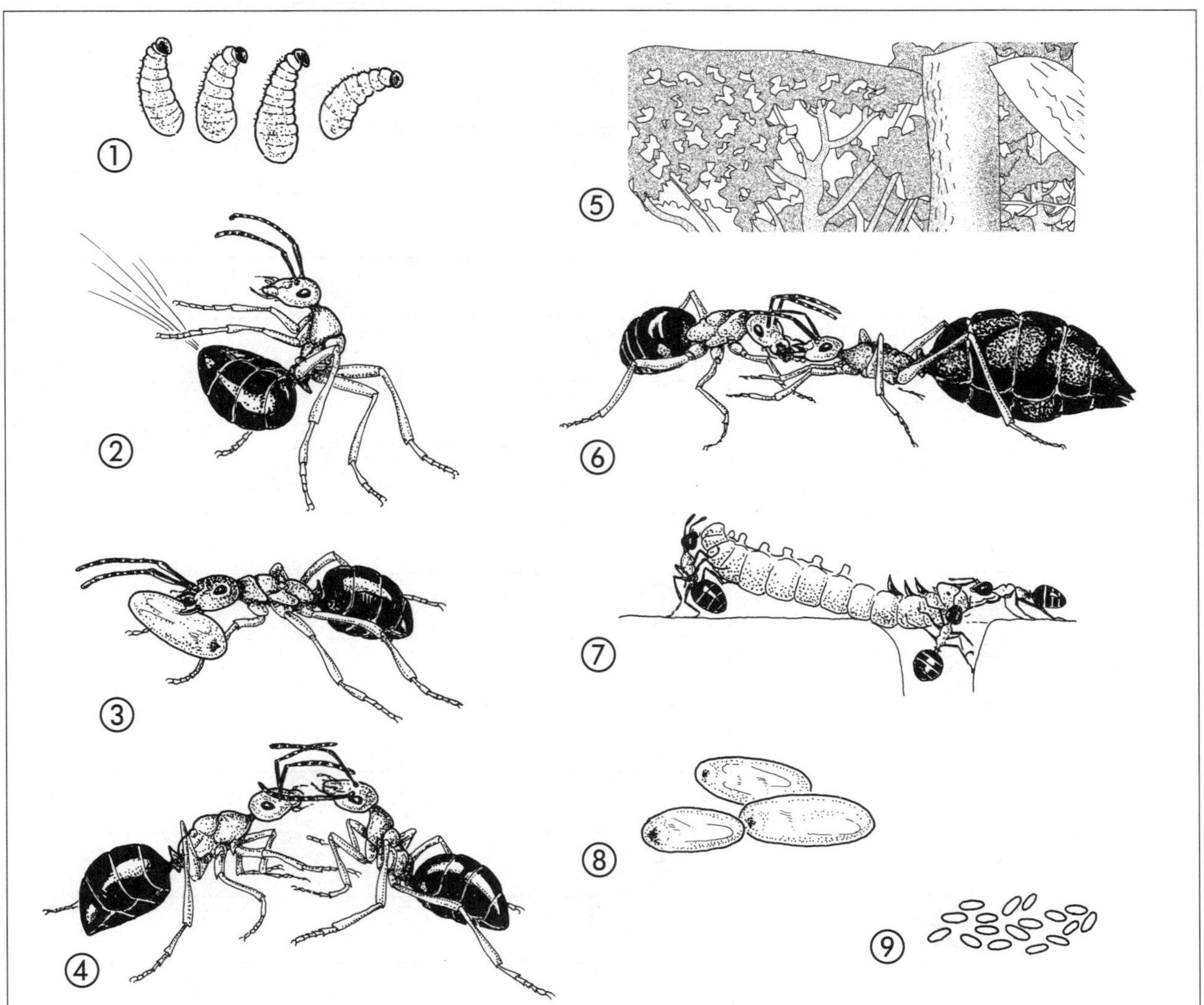

30 Heimische Schadinsekten

1. Ordne den abgebildeten Schädlingen folgende Namen zu: Kartoffelkäfer, Reblaus, Kohlweißling, Fichtenborkenkäfer, Kleidermotte und Mehlkäfer.
2. Informiere dich, wie sie den Menschen bzw. dessen Rohstoffe oder Pflanzen schädigen. Ergänze.
3. Der Einsatz von Insektiziden hat Vor- und Nachteile. Stelle diese im Hefter zusammen. Werte.

① ______________________

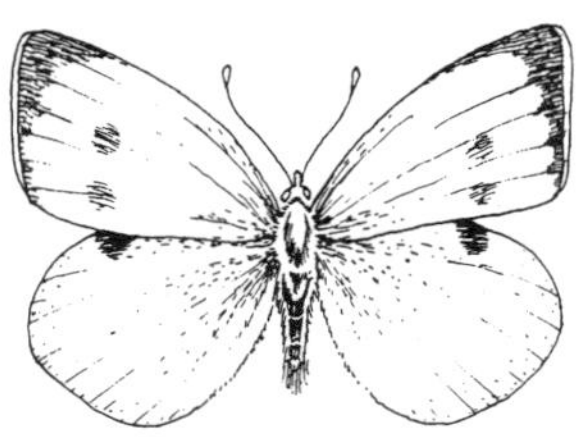

② ______________________

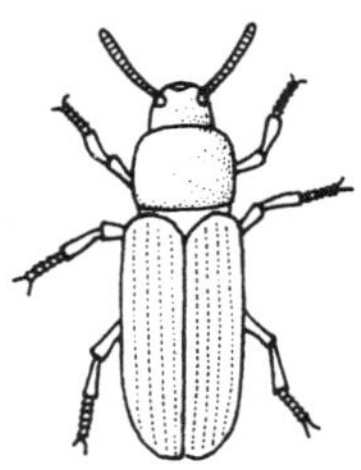

③ ______________________

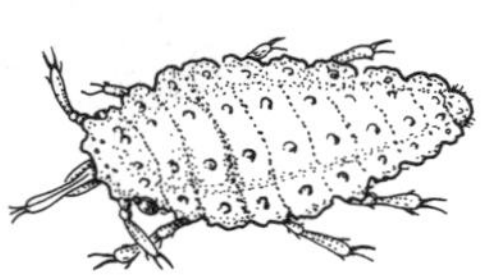

④ ______________________

⑤ ______________________

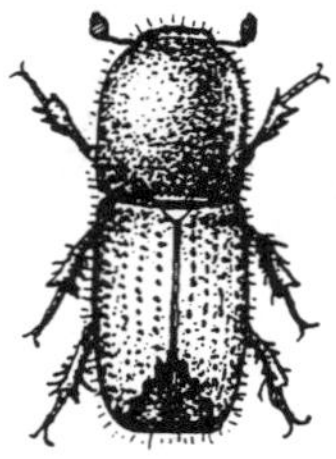

⑥ ______________________

Parasiten leben auf Kosten eines Wirts

1. Erkläre kurz den Begriff Parasit.

____

____

____

2. Einige wirbellose Tiere kommen als Parasiten auch beim Menschen vor. Ergänze die folgende Tabelle.

	Parasit		
	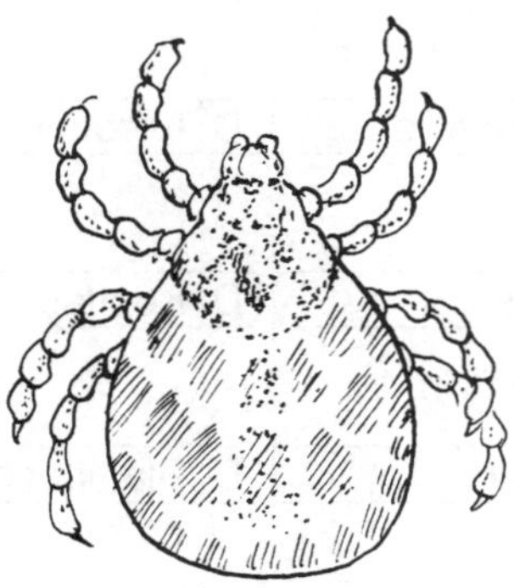	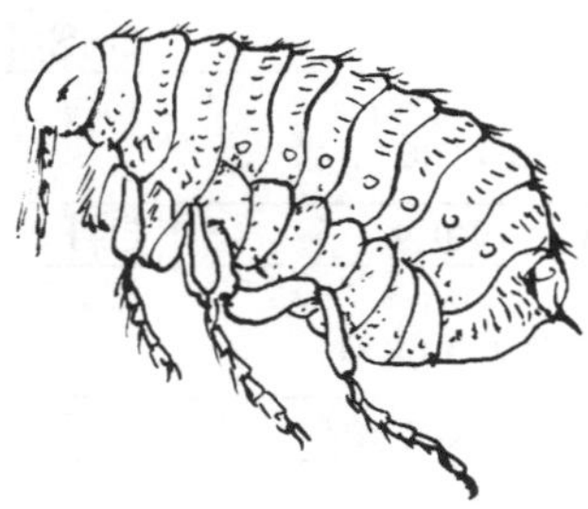	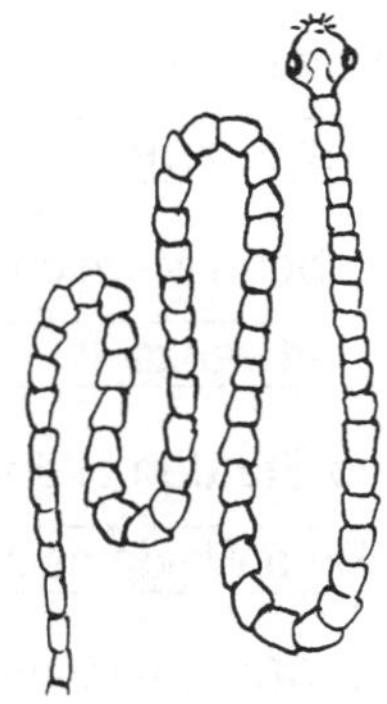
Name			
Innen- oder Außenparasit			
Anpassung an das Leben als Parasit			
Symptome bei Befall			
Bekämpfungs-maßnahmen			

32 Wirbellose – ein Rätsel

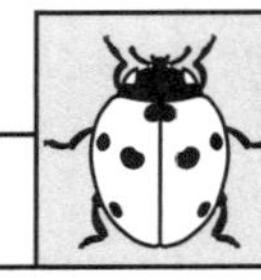

Hier kannst du „Wirbellosenmillionär“ werden. Löse dazu die Aufgaben von 1 bis 15.
Kreuze jeweils die richtige Antwort an.

Nr.	Frage	A	B	C	D	
1.	Siebenpunkt ist die Bezeichung für	Marienkäfer	Automarke	Spezialwürfel	Satzzeichen	100
2.	Insekten haben ein Außenskelett aus	Kalk	Chitin	Satin	Metall	200
3.	Zitronenfalter gehören zu den	Nachtfaltern	Segelfaltern	Gelbfaltern	Tagfaltern	300
4.	Skorpione sind	Krebstiere	Insekten	Spinnentiere	Kerbtiere	500
5.	Nicht beim Menschen parasitiert die	Bettwanze	Weinlaus	Filzlaus	Kopflaus	1000
6.	Keine Staaten bildenden Insekten sind	Rote Waldameisen	Honigbienen	Termiten	Blattläuse	2000
7.	Der größte heimische Käfer ist der	Goliathkäfer	Nashornkäfer	Hirschkäfer	Elefantenkäfer	4000
8.	Welches der genannten Insekten zeigt eine unvollkommene Verwandlung?	Fliege	Tagpfauenauge	Heupferd	Mehlkäfer	8000
9.	Welches Tier ist kein Weichtier?	Auster	Austernfischer	Tintenfisch	Riesenmuschel	16 000
10.	Welches Tier ist ein Zwitter?	Kreuzspinne	Regenwurm	Biene	Schabe	32 000
11.	Woraus besteht der Spinnfaden einer Kreuzspinne?	Metall	Baumwolle	Chitin	Eiweiß	64 000
12.	Wie viele Fangarme hat ein Tintenfisch?	sechs	acht	zehn	zwölf	125 000
13.	Zecken gehören zu den	Spinnentieren	Insekten	Krebstieren	Zeckentieren	250 000
14.	Bienen sehen in einem bestimmten Bereich. Es ist der	UV-Bereich	IR-Bereich	IV-Bereich	UR-Bereich	500 000
15.	Das Komplexauge einer Großen Libelle hat viele Einzelaugen. Es sind	280	2 800	28 000	280 000	1 Million

Erlebnis Biologie

Aufbau des Mikroskops

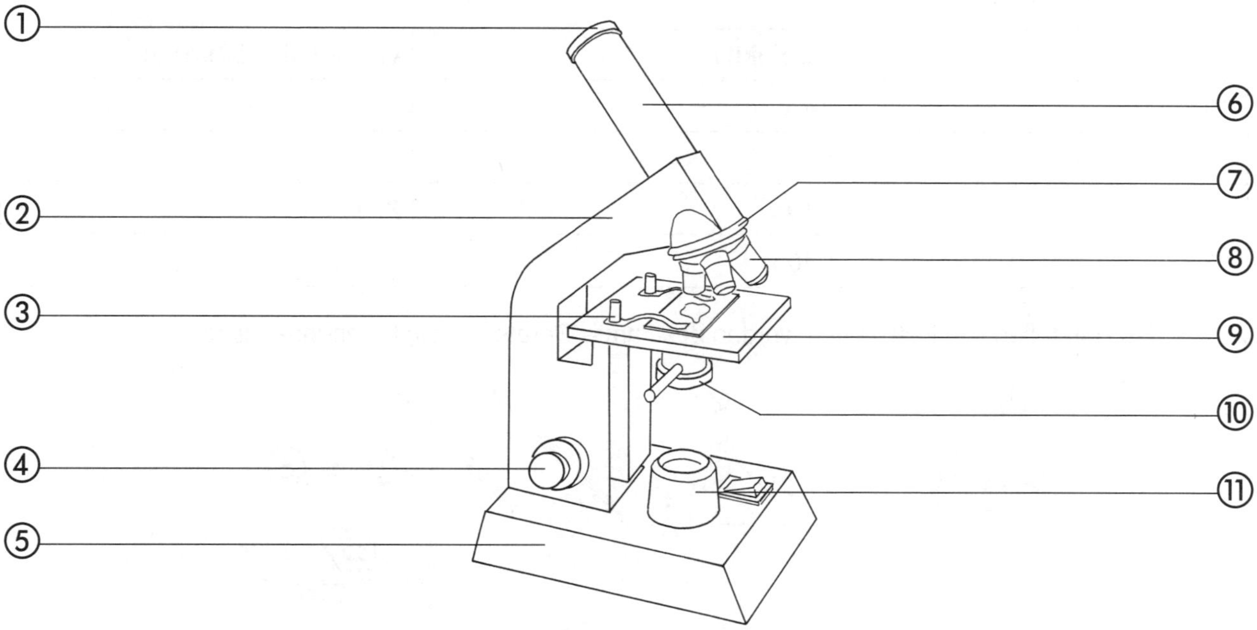

1. Trage die folgenden Begriffe neben die Ziffern der Abbildung ein: Blende, Objektiv, Stativgriff, Halteklammern, Tubus, Objekttisch, Okular, Objektivrevolver, Triebrad, Stativfuß, Beleuchtung.

2. Vervollständige die Tabelle.

Nr.	Bestandteil	Aufgabe
	Blende	
		Linse, die sich beim Mikroskopieren direkt vor deinem Auge befindet. Man kann sie auswechseln und erzielt hier Vergrößerungen von 5 x, 10 x oder 15 x.
		Besteht meistens aus einer Lampe. Bei einigen Mikroskopen findet man stattdessen einen Spiegel, durch dessen Stellung die Helligkeit verändert werden kann.
	Objektivrevolver	
		Röhre zwischen Okular und Objektiv.
	Triebrad	
		Dient zum Tragen des Mikroskops.
		Die dem Objekt zugewandte Vergrößerungslinse. Sie vergrößert zum Beispiel 4x, 10x, 40x oder 100x.
		Befestigen den Objektträger auf dem Objekttisch.
		Gibt dem Gerät festen Stand.
		Trägt den Objektträger. In der Mitte besitzt der Objekttisch eine Öffnung, durch die das Licht fällt.

Erlebnis Biologie

34 Mikroskopieren – so können wir Zellen sehen

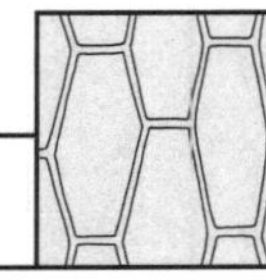

1. Ergänze die folgende Tabelle.

Okular	**Objektiv**	**Gesamtvergößerung**
10 x	4 x	
10 x		100
	10 x	200
15 x	40 x	

2. Für das Herstellen von Präparaten werden bestimmte Geräte benötigt. Benenne diese.

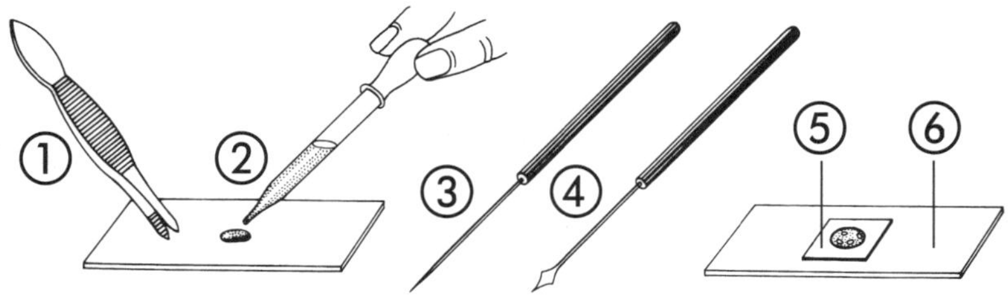

① ______________________ ② ______________________

③ ______________________ ④ ______________________

⑤ ______________________ ⑥ ______________________

3. Die einzelnen Arbeitsschritte für die Herstellung eines Frischpräparates sind durcheinander geraten.
a) Kennzeichne durch Ziffern die richtige Reihenfolge.
b) Beschreibe kurz jeden Arbeitsschritt.

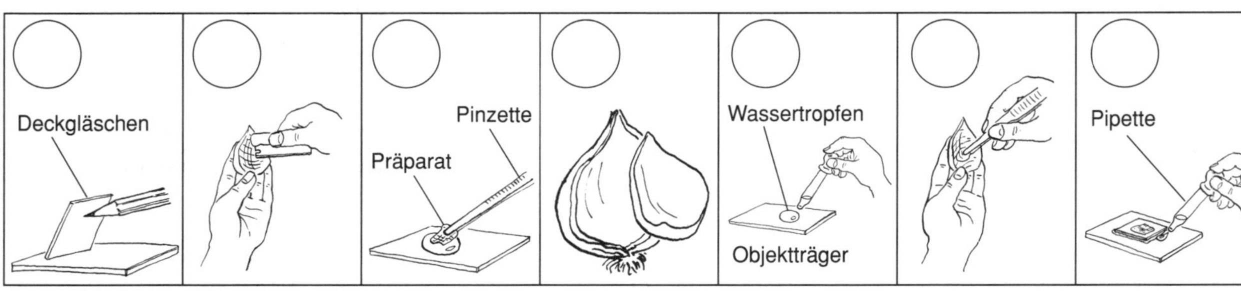

1. ______________________

2. ______________________

3. ______________________

4. ______________________

5. ______________________

6. ______________________

7. ______________________

Tiere und Pflanzen bestehen aus Zellen

1. Die Abbildungen zeigen Mundschleimhautzellen des Menschen (A) und Blattzellen der Wasserpest (B).
a) Ziehe Beschriftungsstriche zu den entsprechenden Zellbestandteilen.
b) Unterstreiche die Bestandteile, die nur in Pflanzenzellen vorkommen.

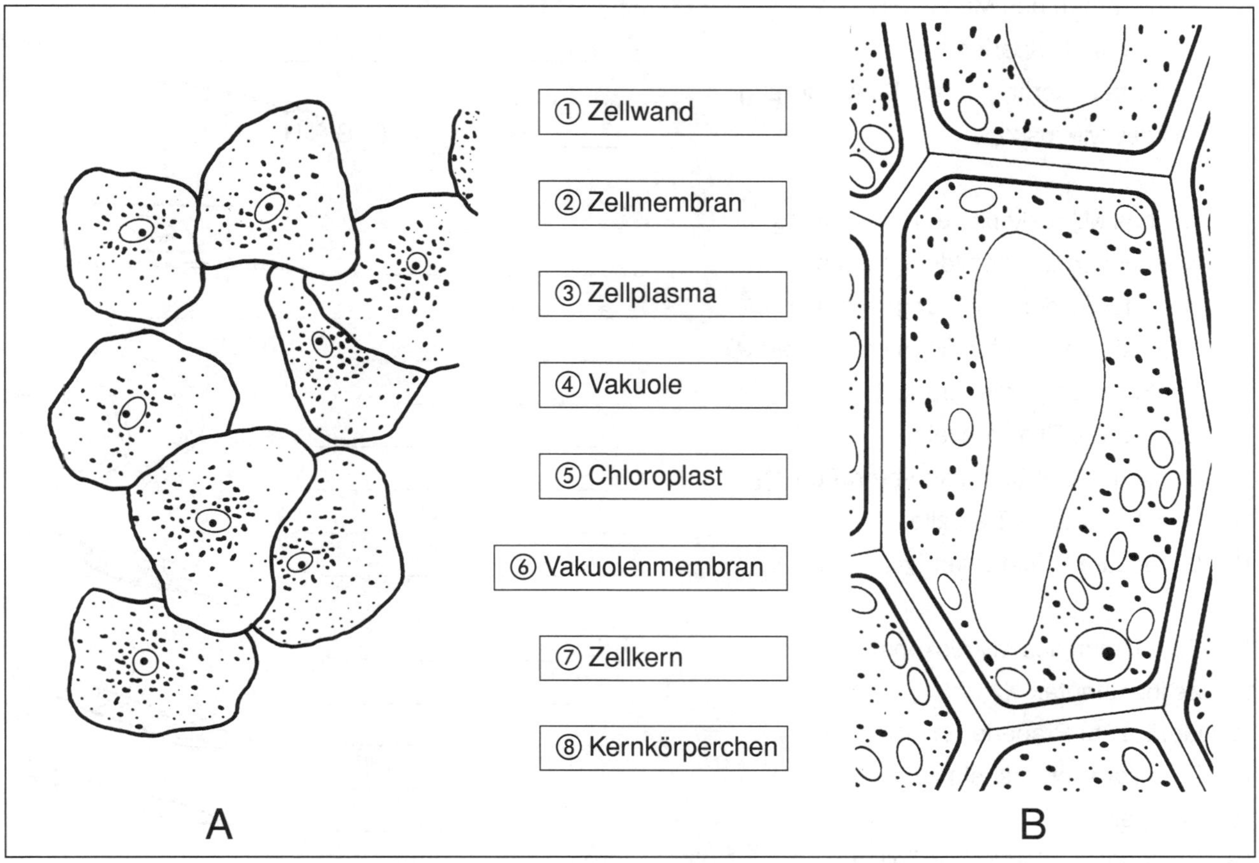

2. Die Zellbestandteile erfüllen unterschiedliche Funktionen. Gib ihre Aufgaben in der Übersicht an.

Zellwand	
Zellmembran	
Zellkern	
Zellplasma	
Chloroplast	
Vakuole	

Rätsel – Rund um das Mikroskop

1. Löse das Rätsel rund um das Mikroskopieren. Der Lösungssatz ergibt sich, wenn man die grau unterlegten Buchstaben von oben nach unten liest. **ä = ä**

1. Sinnesorgan des Menschen ______
2. Gerät zum Präparieren ① ______
3. Optisches Gerät, geringe Vergrößerung ______
4. Teil des Mikroskops ______ TISCH

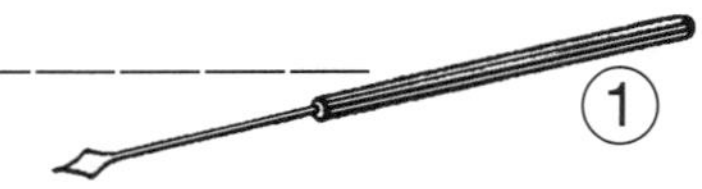

5. Teil des Mikroskops zur Beleuchtung ______
6. Nummer ② der Abbildung rechts ______
7. Nummer ③ der Abbildung rechts ______
8. Pflanze, die man häufig mikroskopiert ④ ______
9. Für Frischpräparate braucht man … ______
10. Schützt die Pflanzenzelle ______
11. Optisches Gerät, starke Vergrößerung ______
12. Abschluss einer Tierzelle ______
13. Gerät zum Präparieren ⑤ ______

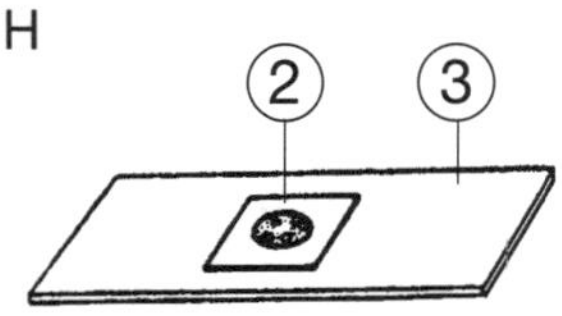

14. Bestandteil des Mikroskops _ L ______
15. Zellbestandteil ______ A
16. Gerät zum Präparieren ⑥ ______
17. Du mikroskopierst ein … ___ Ä ______
18. Glasgerät ⑦ ______
19. Bestandteil pflanzlicher Zellen C ______
20. Du machst vom Präparat eine … ______ G
21. Gerät zum Präparieren ⑧ ______

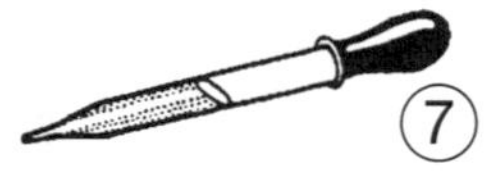

22. Häufig mikroskopierte Wasserpflanze ______
23. Teil des Mikroskops _ K ______
24. Gerät zum Herstellen von Präparaten ⑨ ______

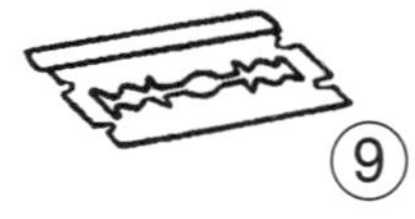

25. Zellbestandteil, Steuerzentrum ______
26. Gruppe von Lebewesen ______
27. Gruppe von Lebewesen ______
28. Schülermikroskope arbeiten mit … _ I ______
29. Teil des Mikroskops ______ V
30. Preiswertes Färbemittel, rote … ⑩ ______

Lösungssatz:

____

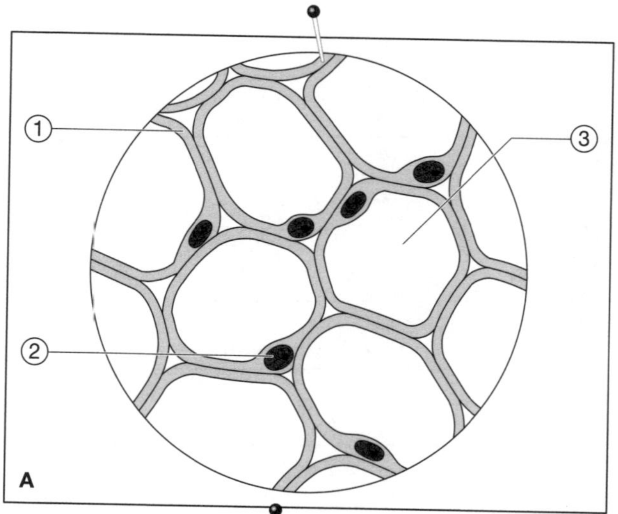

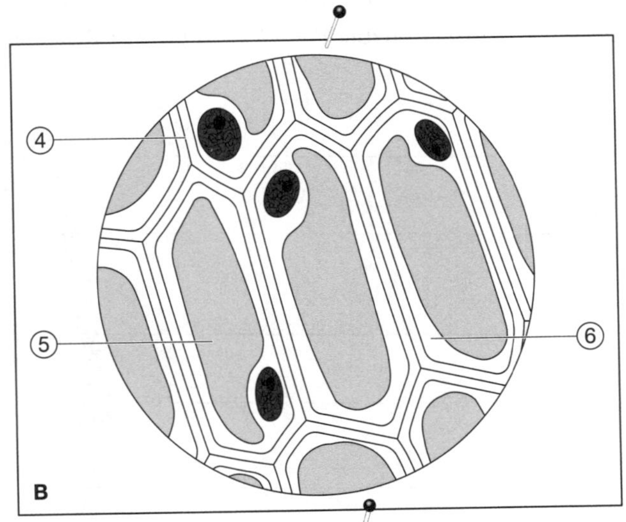

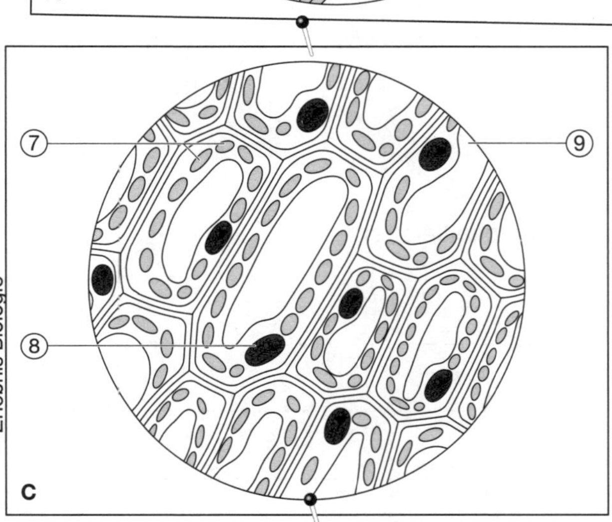

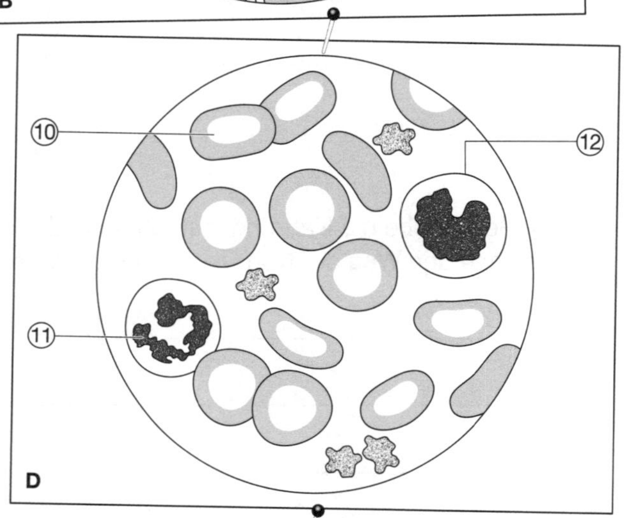

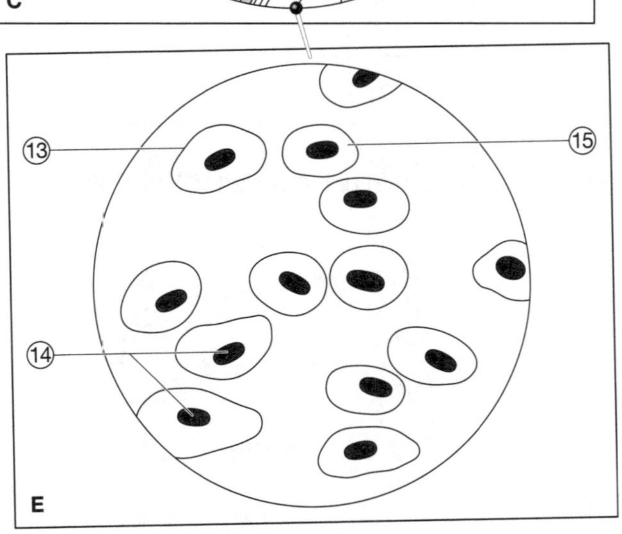

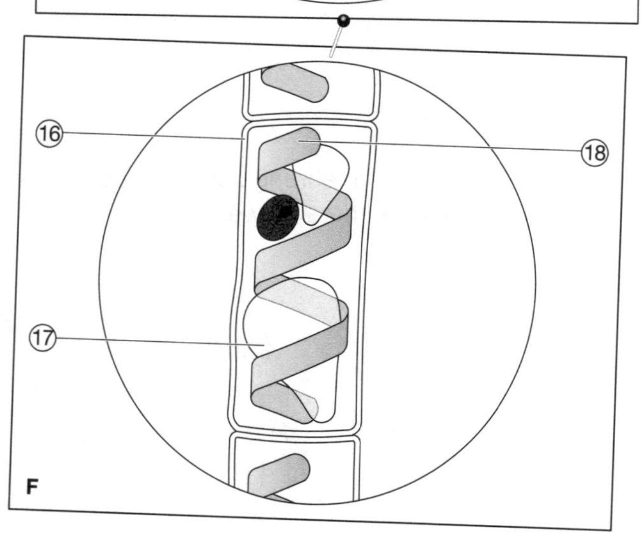

Bearbeite folgende Aufgaben im Hefter:

1. Ordne die abgebildeten Zellen den folgenden Zelltypen zu: Knorpelzellen, Blutzellen, Fettzellen, Laubblattzellen, Algenzellen, Kronblattzellen.

2. Ordne den Nummern die richtigen Zellbestandteile zu (Mehrfachnennung ist möglich).

3. Nenne die wesentlichen Gemeinsamkeiten und Unterschiede zwischen der Ernährung pflanzlicher und tierischer Zellen.

Das Pantoffeltierchen – ein Tier aus einer Zelle

1. Das Pantoffeltierchen zählt zu den Einzellern.
Benenne die gekennzeichneten Teile eines Pantoffeltierchens.

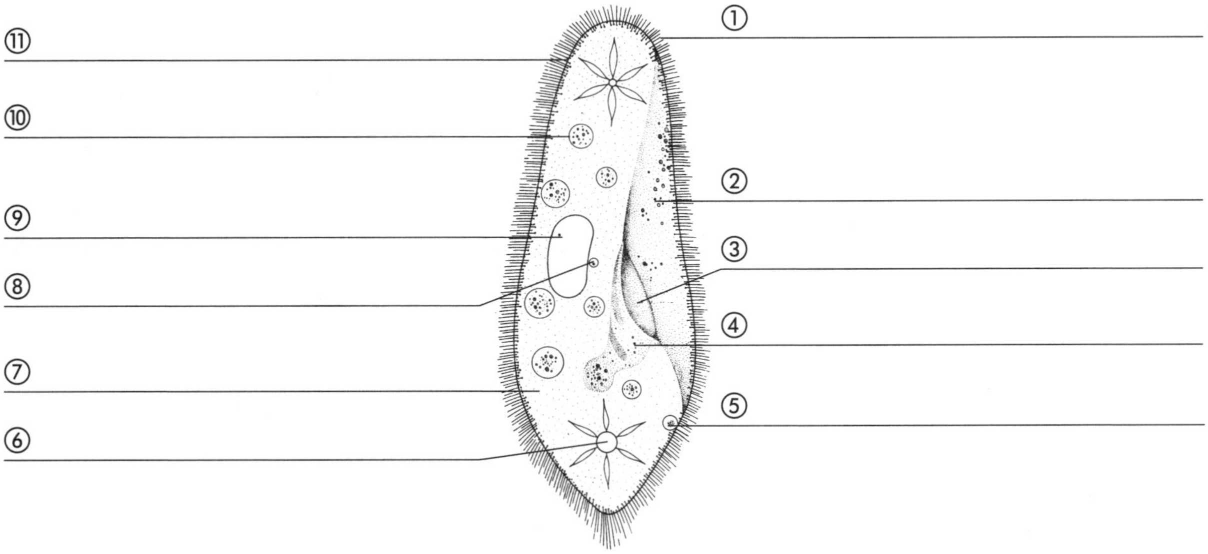

2. a) Beschreibe die Nahrungsaufnahme und Verdauung beim Pantoffeltierchen.
b) Zeichne den Weg der Nahrung in die Abbildung ein.

3. Beschreibe die Vermehrung des Pantoffeltierchens mithilfe der Abbildung in deinem Hefter. Welches Erschließungsfeld wurde angewendet?

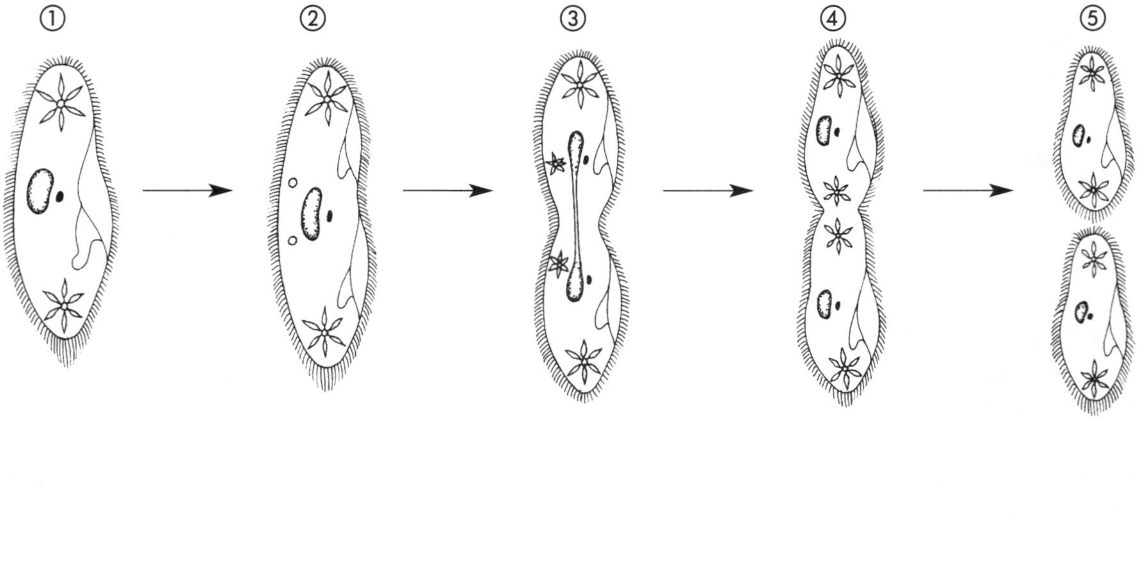

Bau von Bakterien

1. Beschrifte die Bakterienzelle.

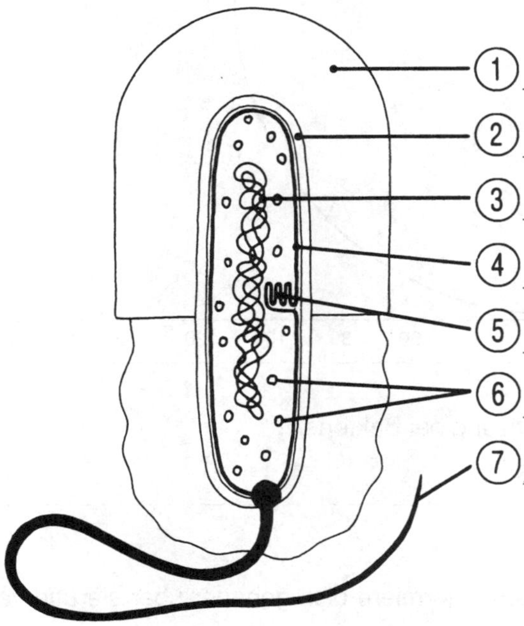

2. Bakterien haben unterschiedliche Formen. Ergänze die Tabelle.

Form				
Zeichnung	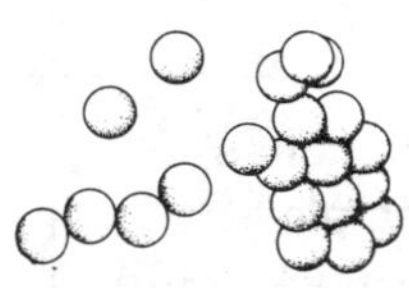	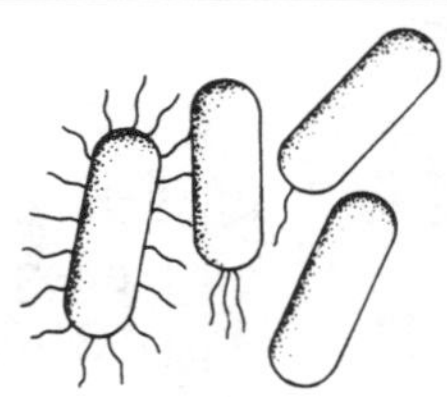		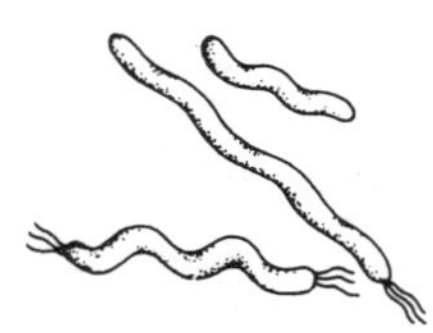
Beschreibung			kommaförmig gebogene Bakterien, manche mit Geißel	
Beispiel	Eitererreger			Riesenspirillum in Schweinejauche, Syphiliserreger

40 Einige Bakterien sind Krankheitserreger

1. In der nebenstehenden Abbildung ist die Vermehrung von Bakterien grafisch dargestellt.

a) Ermittle, in welchem Zeitraum sich die Bakterienzahl verdoppelt.

____

b) Ermittle die Anzahl der Bakterien nach 120 Minuten.

____

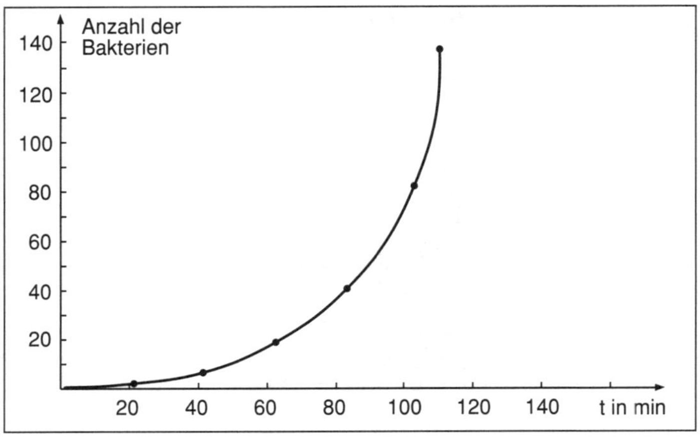

c) Wie nennt man die Form der ungeschlechtlichen Fortpflanzung bei Bakterien?

____

2. Bestimmte Bakterien sind Erreger von Infektionskranheiten. Informiere dich genauer über sie und vervollständige dann die Tabelle.

	Diphterie	**Tetanus (Wundstarrkrampf)**	**Scharlach**
Infektion durch	Einatmen/Speicheltröpfchen		
Krankheitsbild		Schmerzen, hohes Fieber, Krämpfe (z. B. Kiefermuskulatur)	
Vorbeugung			

3. Nenne andere Krankheiten, die durch Bakterien verursacht werden.

____

Bakterien sind allgegenwärtig

1. Auf der Erde gibt es kaum einen Platz, an dem keine Bakterien vorkommen. Im Körper von Lebewesen, aber auch in der Luft, im Wasser und im Boden finden wir sie. In den folgenden Abbildungen sind einige Beispiele dargestellt. Ergänze Vorkommen und Bedeutung dieser Bakterien.

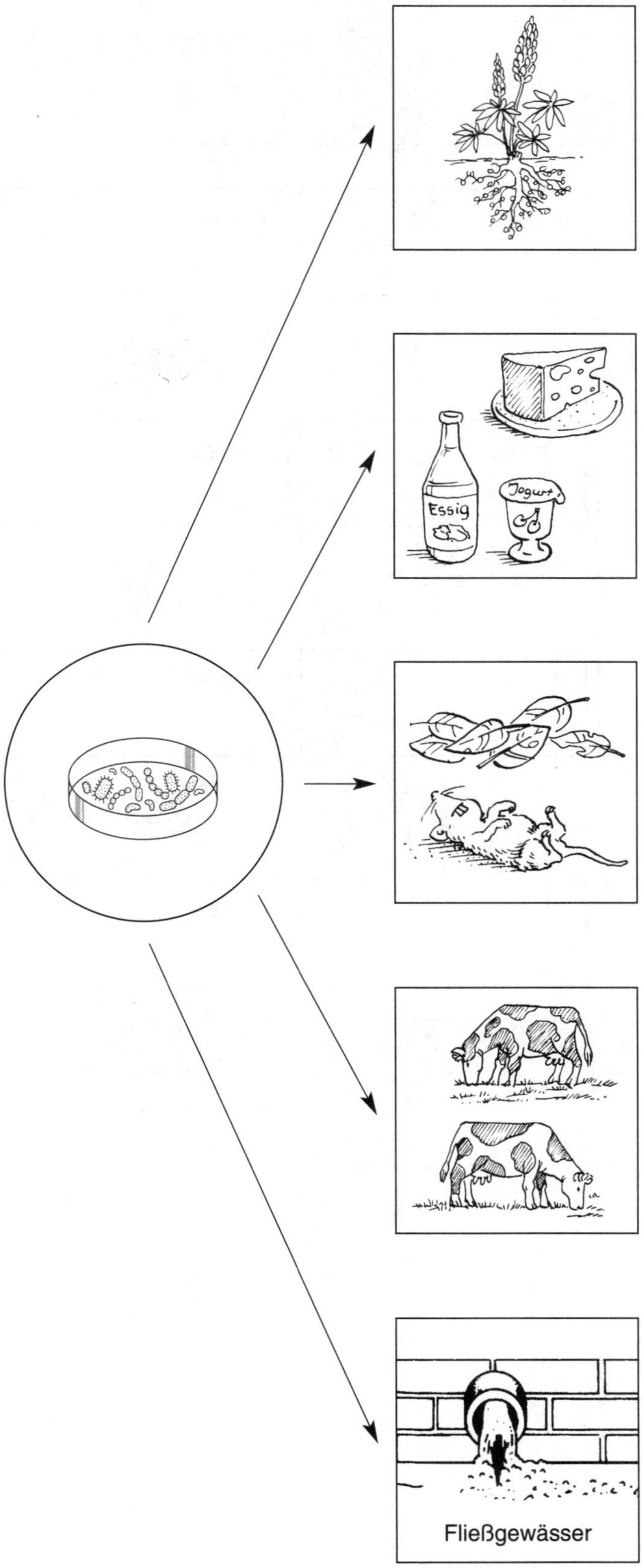

Wurzelknöllchenbakterien an den Wurzeln von Schmetterlingsblütengewächsen binden den Luftstickstoff, sie können so den Boden düngen.

42 Ordnung im Tierreich – wir systematisieren

1. Ergänze in der Übersicht die fehlenden Tierstämme bzw. Tierklassen.
2. Notiere zu jeder Gruppe ein bis zwei Beispiele im Hefter.

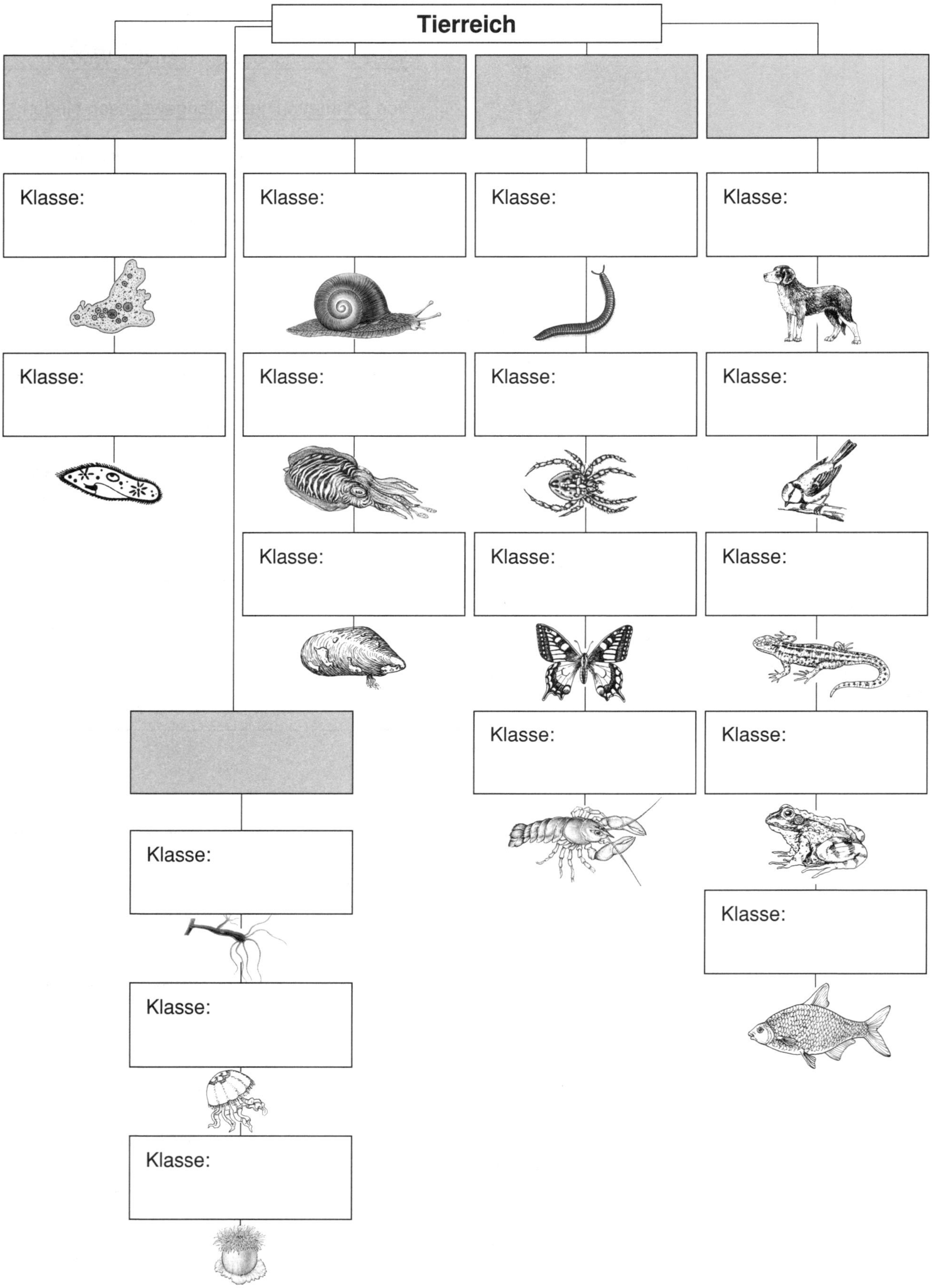

Wirbellose und Wirbeltiere

1. Die Abbildungen zeigen verschiedene Tiere. Benenne die Tiere und ordne sie den Tierstämmen bzw. Tierklassen zu.

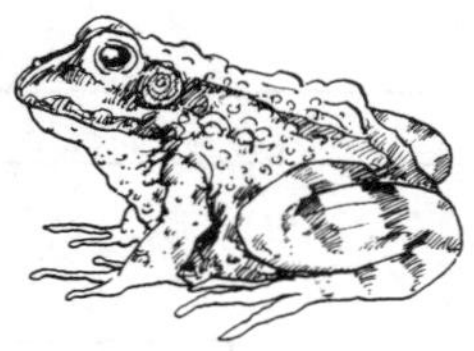

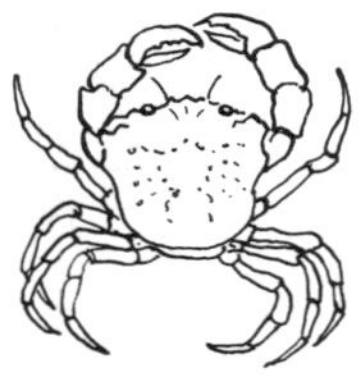

① ____________________ ② ____________________ ③ ____________________ ④ ____________________

____________________ ____________________ ____________________ ____________________

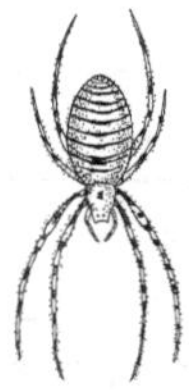
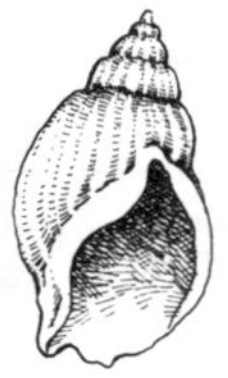
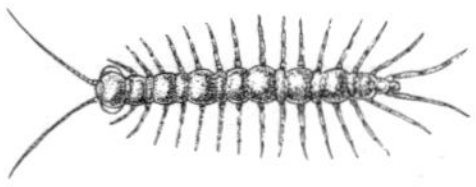
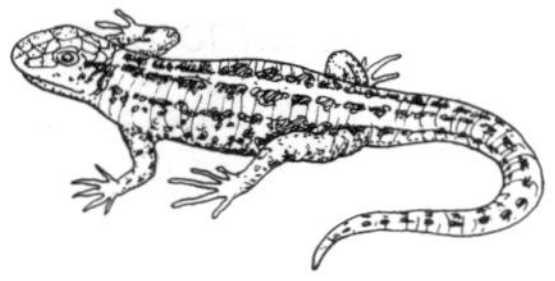

⑤ ____________________ ⑥ ____________________ ⑦ ____________________ ⑧ ____________________

____________________ ____________________ ____________________ ____________________

2. Vergleiche Hund und Marienkäfer miteinander. Notiere die Merkmale, in denen sich die Lebewesen unterscheiden, in der vorgegebenen Tabelle.

	Hund	**Marienkäfer**
Körpergliederung		
Skelett		
Gliedmaßen		
Atmung		
Blutkreislauf		
Einordnung (Tierstamm)		

Erlebnis Biologie

Formenvielfalt bei Pflanzen

1. Ergänze alle fehlenden Begriffe im System der Pflanzen.

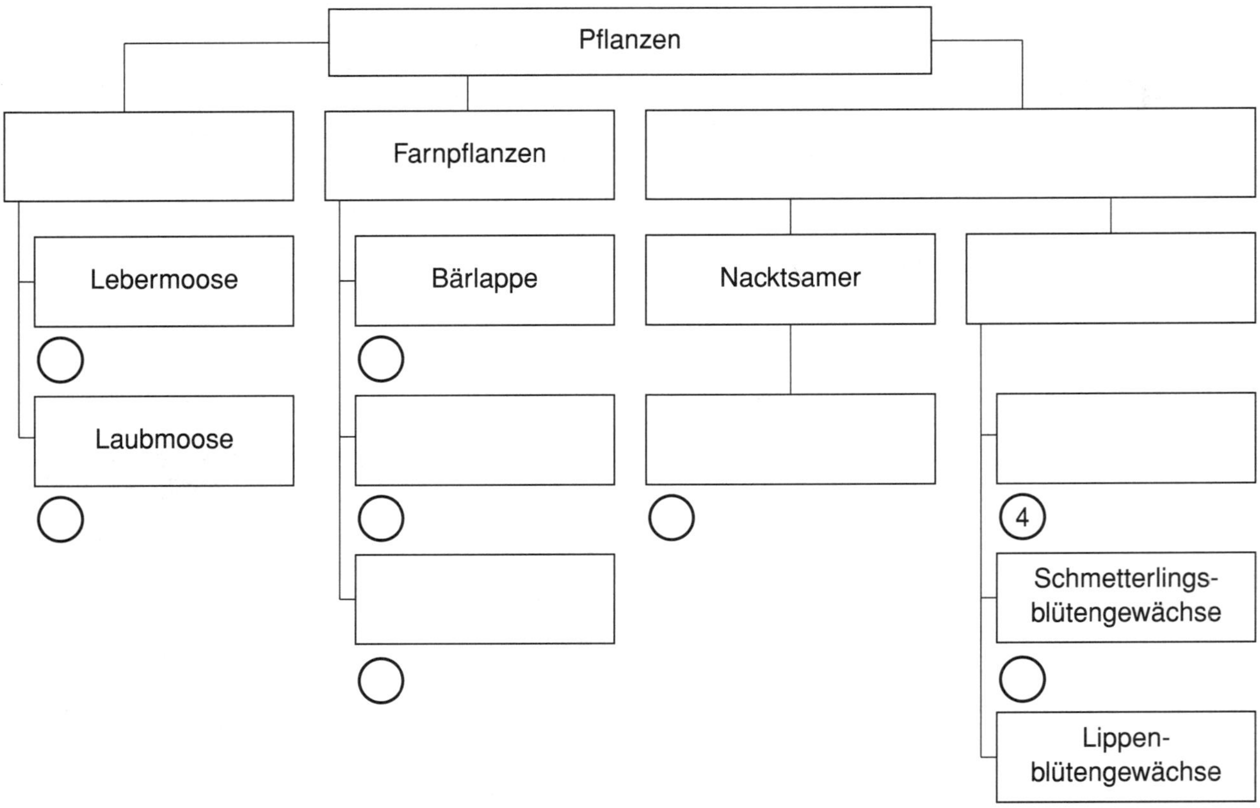

2. Ordne folgende Pflanzen der Übersicht in Aufgabe 1 zu, indem du die Ziffern in die vorgegebenen Kreise einträgst.

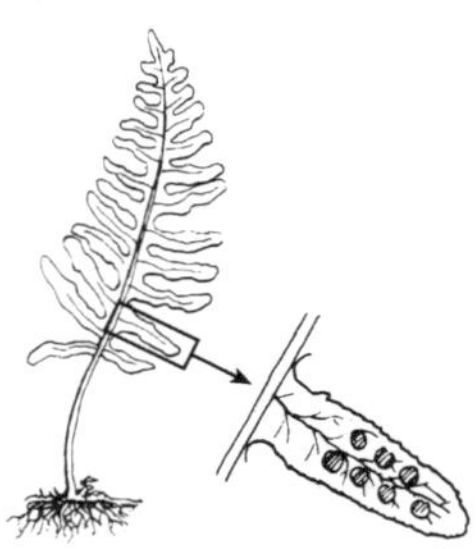
① Tüpfelfarn

② Wald-Kiefer

③ Brunnenlebermoos

④ Gänseblümchen

⑤ Weißmoos

⑥ Keulenbärlapp

⑦ Ackerschachtelhalm

⑧ Rotklee